.

湖北省学术著作出版专项资金资助项目

数字制造科学与技术前沿研究丛书

埋弧焊质量检测的电信号时频分析与处理

李学军　何宽芳　著

武汉理工大学出版社

·武汉·

内 容 提 要

焊接过程质量检测是保证焊接产品质量的重要措施,是防止产生缺陷、避免返修的重要环节。对在线采集的非平稳电弧信号进行时频分析与处理,实现焊接过程的焊接质量特征信息的有效提取,不仅能丰富焊接电弧信号分析技术,同时也为实现高效率、高质量焊接的质量检测提供了新的途径,是当前焊接制造质量工程发展的方向和研究热点。本书面向高效弧焊质量检测的工程应用,详细地介绍了埋弧焊电信号采集与分析系统集成、埋弧焊电弧电信号短时傅里叶分析、埋弧焊电弧电信号 Wigner-Ville 分析、埋弧焊电弧电信号小波分析、埋弧焊电弧电信号 EMD 分析、埋弧焊电弧电信号 LMD 分析及埋弧焊数字化检测的信息处理。

本书对于焊接制造行业中从事焊接产品生产过程质量检测、使用、管理与维护的工程技术人员,是一本有较大指导作用或参考价值的书籍,也是高校教师和相关的研究人员从事焊接过程质量监控研究的重要参考著作,同时本书也可作为相关研究生教学参考用书。

图书在版编目(CIP)数据

埋弧焊质量检测的电信号时频分析与处理/李学军,何宽芳著.—武汉:武汉理工大学出版社,2016.12

(数字制造科学与技术前沿研究丛书)

ISBN 978-7-5629-5383-8

Ⅰ.①埋…　Ⅱ.①李…　②何…　Ⅲ.①埋弧焊-电信号特性测量-研究　Ⅳ.①TG445

中国版本图书馆 CIP 数据核字(2016)第 266048 号

项目负责人:田　高　王兆国　　　　　　　　　　责 任 编 辑:张明华
责 任 校 对:雷红娟　　　　　　　　　　　　　封 面 设 计:兴和设计
出版发行:武汉理工大学出版社(武汉市洪山区珞狮路 122 号　邮编:430070)
　　　　　http://www.wutp.com.cn
经 销 者:各地新华书店
印 刷 者:武汉中远印务有限公司
开　　本:787×1092　1/16
印　　张:11
字　　数:191 千字
版　　次:2016 年 12 月第 1 版
印　　次:2016 年 12 月第 1 次印刷
印　　数:1~1000 册
定　　价:46.00 元

总　　序

当前,中国制造 2025 和德国工业 4.0 以信息技术与制造技术深度融合为核心,以数字化、网络化、智能化为主线,将互联网＋与先进制造业结合,正在兴起全球新一轮数字化制造的浪潮。发达国家特别是美、德、英、日等先进制造技术领先的国家,面对近年来制造业竞争力的下降,最近大力倡导"再工业化、再制造化"战略,明确提出智能机器人、人工智能、3D 打印、数字孪生是实现数字化制造的关键技术,并希望通过这几大数字化制造技术的突破,打造数字化设计与制造的高地,巩固和提升制造业的主导权。近年来,随着我国制造业信息化的推广和深入,数字车间、数字企业和数字化服务等数字技术已成为企业技术进步的重要标志,同时也是提高企业核心竞争力的重要手段。由此可见,在知识经济时代的今天,随着第三次工业革命的深入开展,数字化制造作为新的制造技术和制造模式,同时作为第三次工业革命的一个重要标志性内容,已成为推动 21 世纪制造业向前发展的强大动力,数字化制造的相关技术已逐步融入到制造产品的全生命周期,成为制造业产品全生命周期中不可缺少的驱动因素。

数字制造科学与技术是以数字制造系统的基本理论和关键技术为主要研究内容,以信息科学和系统工程科学的方法论为主要研究方法,以制造系统的优化运行为主要研究目标的一门科学。它是一门新兴的交叉学科,是在数字科学与技术、网络信息技术及其他(如自动化技术、新材料科学、管理科学和系统科学等)与制造科学与技术不断融合、发展和广泛交叉应用的基础上诞生的,也是制造企业、制造系统和制造过程不断实现数字化的必然结果。其研究内容涉及产品需求、产品设计与仿真、产品生产过程优化、产品生产装备的运行控制、产品质量管理、产品销售与维护、产品全生命周期的信息化与服务化等各个环节的数字化分析、设计与规划、运行与管理,以及整个产品全生命周期所依托的运行环境数字化实现。数字化制造的研究已经从一种技术性研究演变成为包含基础理论和系统技术的系统科学研究。

作为一门新兴学科,其科学问题与关键技术包括:制造产品的数字化描述与创新设计,加工对象的物体形位空间和旋量空间的数字表示,几何计算和几何推理、加工过程多物理场的交互作用规律及其数字表示,几何约束、物理约束和产品性能约束的相容性及混合约束问题求解,制造系统中的模糊信息、不确定信息、不完整信息以及经验与技能的形式化和数字化表示,异构制造环境下的信息融合、信息集成和信息共享,制造装备与过程的数字化智能控制、制造能力与制造全生命周期的服务优化等。本系列丛书试图从数字制造的基本理论和关键技术、数字制造计算几何学、数字制造信息学、数字制造机械动力学、数字制造可靠性基础、数字制造智能控制理论、数字制造误差理论与数据处理、数字制造资源智能管控等多个视角构成数字制造科学的完整学科体系。在此基础上,根据数字化制造技术的特点,从不同的角度介绍数字化制造的广泛应用和学术成果,包括产品数字化协同设计、机械系统数字化建模与分析、机械装置数字监测与诊断、动力学建模与应用、基于数字样机的维修技术与方法、磁悬浮转子机电耦合动力学、汽车信息物理融合系统、动力学与振动的数值模拟、压电换能器设计原理、复杂多环耦合机构构型综合及应用、大数据时代的产品智能配置理论与方法等。

围绕上述内容,以丁汉院士为代表的一批我国制造领域的教授、专家为此系列丛书的初步形成,提供了他们宝贵的经验和知识,付出了他们辛勤的劳动成果,在此谨表示最衷心的感谢!

《数字制造科学与技术前沿研究丛书》的出版得到了湖北省学术著作出版专项资金项目的资助。对于该丛书,经与闻邦椿、徐滨士、熊有伦、赵淳生、高金吉、郭东明和雷源忠等我国制造领域资深专家及编委会讨论,拟将其分为基础篇、技术篇和应用篇3个部分。上述专家和编委会成员对该系列丛书提出了许多宝贵意见,在此一并表示由衷的感谢!

数字制造科学与技术是一个内涵十分丰富、内容非常广泛的领域,而且还在不断地深化和发展之中,因此本丛书对数字制造科学的阐述只是一个初步的探索。可以预见,随着数字制造理论和方法的不断充实和发展,尤其是随着数字制造科学与技术在制造企业的广泛推广和应用,本系列丛书的内容将会得到不断的充实和完善。

《数字制造科学与技术前沿研究丛书》编审委员会

前　　言

　　埋弧焊接技术作为焊接结构高效化生产的主要途径,在造船、石油化工、电力、冶金、汽车等领域应用广泛。由于在实际焊接过程中存在无法预知的随机干扰因素,影响焊接制造质量,因此,在可能产生诸多干扰因素的条件下,需要在焊接过程中采用实时的焊接质量信息检测与控制来得到比较满意的焊接质量。在埋弧焊接过程中,焊接电压、电流和焊接速度决定了焊缝的瞬时输入能量,直接影响焊缝成形质量。一方面焊接电流、电压可作为控制弧焊过程的可控变量,另一方面它们也是各种电弧物理现象丰富信息的载体,其中也必包含有与焊接过程稳定性、焊接质量相关的特征信息。因此,对焊接过程电弧能量信号进行采集和分析,通过特征提取来对焊接过程的稳定性和焊接质量进行定量评估,这为利用现代信号分析技术动态分析焊接过程的焊接质量提供了新的途径。因此,研究埋弧焊质量检测的电信号分析与处理方法,实现焊接过程的焊接质量特征信息的有效提取,不仅能丰富焊接电弧信号分析技术,同时也为实现高效率、高质量焊接的质量检测提供了新的途径,是当前焊接制造质量工程发展的方向和研究热点。

　　近年来,作者对埋弧焊质量检测的过程在线监测、电弧信号分析与处理、信息特征提取、工艺参数智能优化和电弧稳定性评估进行了系统的研究,并结合当前计算机、现代传感和时频信号分析与处理等技术在埋弧焊领域的应用现状,以形成埋弧焊质量数字化检测的电信号时频分析理论与方法为目标,撰写了本书。本书分别详细地介绍了埋弧焊电信号采集与分析系统集成、埋弧焊电弧电信号短时傅里叶分析、埋弧焊电弧电信号 Wigner-Ville 分析、埋弧焊电弧电信号小波分析、埋弧焊电弧电信号 EMD 分析、埋弧焊电弧电信号 LMD 分析及埋弧焊数字化检测的信息处理,并针对每部分内容给出了应用实例。这些理论方法和技术手段为提升高效埋弧焊装备自动化水平及运行高效率、高质量焊接制造提供了技术保障。

　　本书所涉及的研究工作得到了国家自然科学基金(51475159、51005073)和湖南省自然科学基金项目的资助及湖南科技大学机械设备健康维护省重点实验室和湖南科技大学机电工程学院的大力支持,湖南科技大学沈意平、肖冬明和湖南省芙蓉学者特聘教授李鸿光参加了本书的编写工作,硕士研究生成勇、谭智、周志鹏、王超、杨庆和王勇承担了大量的书籍整理工作,特此一并致谢。

写作本书的目的主要是为从事高效埋弧焊制造动态检测与控制技术相关的科学研究、工程技术工作人员以及高等院校、科研院所的有关教学和学习提供一本参考书,本书尤其适合于研究生教学参考用书。本书针对性和实用性强,同时,为便于广大现场工作人员参考与使用,在结合基础理论研究与工程实际时,论述通俗易懂、深入浅出。由于作者学识水平有限,书中难免存在错误与疏漏,恳望读者指教。

著　者

2016 年 3 月

目　　录

1 绪 论

　　数字化焊接生产过程作为数字信息处理技术与焊接制造相结合的产物,是现代制造技术数字化的一个重要组成部分。它以计算机、现代传感、信号分析与处理等技术集成,应用于焊接领域,实现焊接装备数字化、焊接过程质量监控数字化、焊接生产过程管理数字化等,通过数字化技术能有效提升焊接制造技术的自动化、智能化水平,进而显著提升焊接产品品质、稳定性、可靠性及生产效率,降低生产成本,提升整体效能,是现代焊接技术实现高速和高效化焊接制造的重要途径和方向。

1.1　埋弧焊质量检测的电信号分析与处理任务与目的

　　焊接质量检测是为了保证焊接结构的完整性、可靠性、安全性和使用性,是焊接结构质量管理的重要方法。传统焊接质量检测与控制主要依靠焊后超声、磁测法、X射线法等无损检测方法,或基于切割、拉伸、剪切和冲击试验的破坏性抽检方法[1,2],经历一定的检验流程,凭经验调整工艺参数,作为工艺设置的参考。虽然这种焊后检验在埋弧焊工艺质量保证体系中必不可少,但不具实时性,无法在线、准确地获取反映焊接质量的关键信息。焊接过程数字化监测为实现焊接质量在线检测提供了有效手段,一方面,通过监测可以发现制造过程中发生的质量问题,找出原因,及时消除生产过程中的缺陷,防止类似的缺陷重复出现,减少返修次数,节约工时、材料,从而降低成本;另一方面,根据监测获取的信息与知识,获得能实际使用的最佳的焊接工艺、技术措施及规范参数,在提高生产效率的同时使焊接产品质量得到保证。

　　埋弧焊接技术作为焊接结构高效化生产的主要途径,在造船、石油化工、电力、冶金、汽车等领域应用广泛[3-7]。由于在实际焊接过程中存在无法预知的随机干扰因素,影响焊接制造质量,因此,在诸多干扰因素可能产生的条件下,需要在焊接过程中采用实时的焊接质量信息检测与控制来得到比较满意的焊接质量。由于埋弧焊电弧在焊剂中燃烧,人们无法通过光学和红外传感的方法对焊接过程中的熔池的物理特征进行传感,基于试验观测的定性分析措施难以实现高速焊缺陷焊道产生过程的在线检测。在埋弧焊接过程中,焊接电压、电流和焊接速度决定了焊缝的瞬时输入能量,直接影响焊缝的成形质量,一方面焊接电流、电压可作为控制弧焊过程的可控变量,另一方面它们也是各种电弧物理现象丰富信息的载体,其中也必包含有与焊接过程稳定性、焊接质量相关的特征信息。因此,对焊接过程电弧能量信号进行采集和分析,通过特征提取来对焊接过程的稳定性和焊接质量进行定量评估,这为利用现代信号分析技术动态分析焊接过程稳定性和焊接质量提供了新的途径。

现代信号处理技术,例如时域、频域、小波变换等作为焊接电弧信号特征提取的有力工具,在焊接电弧特征检测中得到了应用,主要集中在对焊接电弧信号进行时域统计、绘制频谱和消噪处理。然而,针对焊接强噪声背景、非平稳电弧信号,这些方法在焊接质量检测过程中无法准确、可靠地提取反映焊接质量的信息,进而不能实现对焊接质量进行有效的监控。考虑到焊接过程是一个多因素相互作用的复杂动态过程,各种随机因素的影响,使焊接状态与各种焊接信号实时发生变化,实际监测得到的电弧电信号属于非平稳信号,不少学者将处理非平稳信号的有力工具——时频分析方法应用到焊接电弧电信号的分析与处理上,旨在挖掘焊接过程中反映电弧稳定特性和焊缝成形质量的电弧特征信息,以便实现焊接过程在线检测与控制。时频分析方法比较适合对焊接电弧信号蕴含的信息进行分析和挖掘,目前时频分析方法的研究主要集中在电弧信号消噪处理、奇异点检测和动态、实时反映焊接过程电弧稳定性及焊缝成形质量的电弧电能量时频特征信息的有效提取方面。

埋弧焊接过程质量检测是保证焊接产品质量的重要措施,是防止产生缺陷、避免返修的重要环节。利用对在线采集的电弧信号进行分析与处理,获取实时表征焊接质量的信息是保证焊接质量的重要方法。一方面,通过检测可以发现制造过程中发生的质量问题,找出原因,及时消除生产过程中的缺陷,防止类似的缺陷重复出现,减少返修次数,节约工时、材料,从而降低成本;另一方面,根据检测获取的信息与知识,获得能实际使用的最佳的焊接工艺、技术措施及规范参数,在提高生产效率的同时使焊接产品质量得到保证。因此,研究埋弧焊质量检测的电信号分析与处理方法,实现焊接过程的焊接质量特征信息的有效提取,不仅能丰富焊接电弧信号分析技术,同时也为实现高效率、高质量焊接的质量检测提供了新的途径,是当前焊接制造质量工程发展的方向和研究热点[8-10]。

1.2　埋弧焊质量检测的电信号分析与处理现状与发展

1.2.1　焊接过程动态测试

焊接工艺过程监测与控制复杂,而且针对不同工况,工艺控制及参数存在较大的差异,属于复杂的监控群体[11],一般指针仪表加示波器的测试方式已满足不了其过程测量、分析的要求。利用计算机接口技术,采用高级语言(如 VB、VC、DELPHI 等)进行焊接过程监控系统的研制与开发,是实现多电弧埋弧焊过程监测的重要手段之一[12]。华南理工大学薛家祥在计算机平台上采用 VC6.0 编程实现了埋弧焊电信号的频谱分析和小波分析[13,14],从而为弧焊工艺参数规范的设计提供了依据。南昌航空工业学院的罗贤星等人在计算机平台上利用 Visual Basic语言编程,对硬铝进行点焊电流和压力的实时监测,通过对参数的监测,可以直观地分析和再现不同的点焊影响因素,焊接电流和电极压力的变化特征与所对应的焊点质量之间的关系,为多参数联合监控奠定了基础[15]。天津大学的高战蛟等人利用虚拟软件 Labview 对铝合金点焊电流和电极压力监控系统进行了研究,实现了信号的实时采集和监控[16]。甘肃工业大学马跃洲等人研制了以 AduC812 单片机为核心,选用程序设计语言 Visual Basic 和 AC6115 系列数据采集卡开发了电阻焊数据采集及分析系统[17]。2005 年,天津大学史涛等人设计了基于 Labview平台的铝合金点焊过程电压、电流、声信号和电极位移等信号的实时采集系统,该系统能够正确采集铝合金在电阻点焊过程中的各个特征信号,实现了焊接参数的实时监测[18]。文献[19-21]介绍了以 Labview 和 Labwindows/CVI 为开发平台、以线性回归模型和非线性回归模型为核心算法的电弧焊品质在线定量评价系统。湖南科技大学研发了基于以太网通信技术的双丝焊接过程电弧能量信号数据采集与分析系统,实现了对双丝埋弧焊过程的动态监测与控制[22,23]。

综上所述,近年来随着电弧焊在工业上的应用,国内外电焊专家对电弧焊的研究比较广泛,涉及焊接动态机械性能、焊接动态参数的测试系统及测试方法等方面的研究,他们所建立的测试系统及选用的测试手段有所不同,但目的都是通过这些测试系统和测试方法来获得焊接过程动态参数,实现焊接过程的在线监测,其研究结果为埋弧焊过程参数与质量实时监控技术提供了基础条件。

1.2.2 埋弧焊电弧信号分析方法

利用电弧信号获取焊接质量信息以实现焊接质量的监控,是保证焊接质量的重要方法,也是焊接质量监控研究的热点。焊接过程中电弧电压和电流直接影响电弧稳定性、热传输特性、熔池几何形状等,同时焊接过程将产生声、光、磁、热等信号。这些信号与焊接参数有着密切关系,是不同焊接状态下的产物,间接反映了焊接稳定性与焊接质量。国内外专家学者利用电弧信号在焊接质量的在线监测与控制方面做了大量的工作。20世纪80年代至90年代,Shea[24]、Arata Yoshiaki[25,26]、Saini[27]、Johnson[28]、Quinn[29]等利用熔化极气体保护焊电弧的光谱信号、声信号、电弧电流和电压,分析焊接过程各种物理和化学变化,进行焊接熔滴过渡,监控导电嘴的磨损情况等。这一阶段的研究主要集中在分析电弧信号与焊接物理现象的关系或直接通过电弧信号对焊接过程进行监控,并没有通过电弧信号的采集进行深入分析提取焊接质量信息。电弧信号中焊接电压及电流物理意义较明确,采集方便,具有周期短、频率高、信号频率幅值变化剧烈等特点,且与电弧稳定性、熔滴过渡以及焊接质量直接相关,因此成为焊接过程质量监控最常用的源信号。20世纪90年代末,Cho Y[30]、区智明[31]、曾安[32]、俞建荣[33]等从实时采集电阻焊、熔化极气体保护焊接电流、电压信号中,研究了动态电阻、电流、电压的统计参数概率等对焊接过程燃弧电弧稳定性和焊接质量的影响,为焊接过程质量的监控、评判提供了依据。这阶段的研究均以焊接电压与电流作为信息源进行焊接质量检测,其中分析方法以信号时域特征的统计分析为主,即通过时域内的统计学特征进行焊接过程稳定性或焊接质量的检测。由于影响焊接质量的因素的不确定性、非线性相互耦合,实际监测得到的电弧信号属于非平稳信号。目前有见关于电弧信号小波分析的报道[14,34-39],这方面的报道主要集中在电弧信号消噪处理和奇异点检测方面。也有学者将时频分析方法引入电弧信号分析与处理,对电弧电信号进行分析,提取电弧特征信息,实现对焊接过程稳定性、焊接质量的评定,常用的时频分析方法有窗口傅里叶变换(Gabor 变换)、连续小波变换、Wigner-Ville 分布、HHT(希尔伯特-黄变换,Hilbert-Huang Transformation——HHT)和 LMD(局域均值分解,Local Mean Distribution——LMD)[39-44]。

　　近年来,笔者在埋弧焊电弧电信号分析与处理方面做了大量的工作,从系统论和非线性角度,揭示了焊接电弧稳定性与混沌动力学特征量——最大 Lyapunov 指数之间的关系,证明了最大 Lyapunov 指数可以用来定量表征高速焊接系统的稳定性,同时也验证了焊接电流、电压信号作为非线性时间序列蕴含了丰富的焊接物理信息,利用现代信号分析技术能有效提取反映焊接质量的信息[45];将小波变换和信息熵理论结合,提出了焊接电弧稳定性动态评估的小波能谱熵分析方法,实现了高速埋弧焊电弧稳定性和焊接质量的定量评估;应用 EMD(经验模态分解,Empirical Mode Decompisition——EMD)定量描述焊接电弧能量分布特征及其与焊接质量的关系,提出了基于 EMD 的焊接电弧能量特征提取方法,实现了对高速焊电弧稳定性和工艺搭配合理性的定量评估;将 LMD 应用到埋弧焊电弧能量特征分析与工艺参数合理性搭配的评价,提出了基于 LMD 焊接电弧能量信号特征的提取方法。这些研究成果不仅丰富了焊接电弧信号分析技术,也为定量评判焊接电弧稳定性、识别焊缝成形状况及评估焊接工艺参数搭配合理性方面提供了新途径和数值指标。

1.2.3　焊接电弧信息处理技术

　　通过获取实时反映焊接电弧稳定性和质量的电弧能量特征信息,应用各种信息处理技术,对焊接质量进行在线、准确的检测与识别,揭示影响焊接质量状态变化的关键因素,为焊接缺陷抑制提供先验信息,实现对焊接质量进行在线、准确的识别及工艺参数优化设计,其核心在于构建电弧能量特征信息与焊接工艺及质量的映射关系。然而,焊接过程的高度非线性、多变量、强耦合的特点,检测到的特征信息对焊接质量指标的表征呈非线性关系,加上其他影响因素交互作用和影响,所以难以从理论上建立精确的数学模型。

　　随着人工智能方法在焊接领域中的应用,研究者们采用人工智能技术在焊接质量检测方面进行了研究工作,Masnata[46]采用神经网络技术结合超声检测方法,实现焊接气孔、夹渣和裂纹缺陷的检测;刚铁[47]采用 BP 神经网络方法研究了气孔、裂纹和未焊透三种焊接缺陷的诊断与分类,获得了良好的识别效果;Huang[48]

将神经网络和多元回归方法应用于激光焊接焊缝熔深的深度表征;高向东[49]将神经网络技术与嵌入卡尔曼滤波器应用在高功率光纤激光焊接的焊缝跟踪监测上。这些研究表明神经网络在焊接质量检测中具有一定的成绩,神经网络模型建立在对大量的样本进行训练的基础上。有学者将支持向量机(Support Vector Machine—SVM)应用到焊接质量检测上,刘鹏飞[50]建立了两类支持向量机检测模型,实现了对点焊飞溅和小尺寸熔核两种缺陷的综合检测;申俊琦[51]建立了 CO_2 焊接焊缝尺寸 SVM 模型,分别运用线性核函数、多项式核函数、高斯径向基核函数以及指数径向基核函数对焊缝熔宽、焊缝熔深以及焊缝余高进行预测;Mu[52]将主成分分析和 SVM 结合起来,应用于焊接缺陷检测,实现焊接缺陷的自动分类。SVM 适合于处理状态分类,在焊接质量检测建模过程中,即使在小样本情况下,也可以得到较好的训练与识别结果。虽然先进信息处理技术在焊接质量检测方面得到了广泛的应用和发展,然而,当前应用信息处理技术实现对焊接质量有效检测及工艺参数自动、精确的优化选择主要存在以下两个方面的问题:问题一,目前建立的焊接工艺参数与焊缝成形质量指标非线性映射关系中,焊缝成形质量指标为焊缝成形熔宽和熔深,这些焊缝成形质量指标为几何参数,属于静态参数,不能实时、全面、动态地反映出焊接过程工艺条件对焊接质量的影响程度;问题二,建立的焊接工艺参数与反映焊接质量指标之间的关系模型表现为多变量、非线性、多约束、多极值,常规的优化方法如单纯形法、牛顿法、共轭梯度法、模式搜索法和填充函数法等,对于这类问题最优求解往往束手无策。

近年来,作者研究了不同工况下高速焊工艺参数、电弧能量特征参数与焊缝成形质量之间的影响关系,分析并总结了各高速焊工艺参数对电弧能量特征参数及焊缝成形状况(焊缝熔宽、熔深及余高)的影响,揭示了影响焊接电弧能量特征、焊缝缺陷纹形成的关键工艺因素。在此基础上,① 针对焊接质量检测识别中存在的小样本、状态演化、随机、多信息输入和非线性等问题,将智能模式识别神经网络、SVM 等技术应用于焊接质量缺陷检测与识别中,提出基于电弧能量敏感特征向量的焊接质量检测模型,利用焊接电弧能量特征信息提取方法,构建电弧能量特征向量,并以此作为支持向量机分类器的输入,动态评价焊接工艺规范是否合理和焊缝成形状况,实现了对焊接工艺参数搭配合理性、电弧的稳定性和焊缝成形质量的有效识别[53]。② 针对双丝高速焊工艺参数调整难度大,易出现咬边、驼峰等缺陷的难题,综合利用提取的焊接电弧能量时频特征参数、BP 神经网络、粒子群智能优化算法,提出了基于电弧能量特征的双丝高速焊工艺混合智能优化模型[54]，采用时频能谱熵定量表征电弧能量特征量来全面揭示焊接工艺搭配的合理性和焊接质量，利用基于 BP 神经网络，构建焊接主导工艺参数与电弧能量特征的非线性映射关系，并以能谱熵特征最小为目标，以前丝和后丝的电流与电压、焊丝间距和焊接速度为优化变量，采用粒子群智能优化算法进行全局优化求解，自动获取焊接工艺优化参数。该方法不仅可以动态评估高速焊过程工艺参数搭配合理性和焊缝成形质量，还可为利用优化数学手段进行工艺参数自动、精确的优化选择提供理论与方法，具有一定的学术与工程意义。

1.3　埋弧焊质量检测的电信号时频分析与处理的内容安排

近年来，计算机、传感、信息和电子等技术的飞速发展，促使传统焊接制造工业向先进制造技术方向发展，计算机、传感、信息和电子技术在埋弧焊接质量检测过程中得到了广泛的应用，为实现高效埋弧焊质量数字化检测提供了重要的技术支撑，赋予了埋弧焊质量数字化检测新的内容和特征，埋弧焊质量检测信号时频分析与处理的内容安排如下：

（1）将先进计算机、传感、信息技术应用到焊接过程电弧电信号的检测中，能有效实现焊接过程中电弧的电流、电压信号的高速准确记录与存储，以进一步在埋弧焊过程中实现对电弧信号进行分析和对焊接质量进行检测。第 2 章详细介绍了埋弧焊电弧电信号检测系统硬件、软件技术，及应用较为广泛的信号分析与处理技术和分析软件编程环境。

（2）利用现代信号时频分析处理技术，在焊接过程中对电弧信号进行分析处理，提取反映焊接过程电弧稳定性和焊接质量信息的焊接电弧能量特征信息，能有效实现对高速焊接过程电弧稳定性、焊接质量的动态检测和焊接工艺参数合理性的搭配评估。第 3、4、5、6 和 7 章分别详细介绍了短时傅里叶、WVD（Wigner-Ville 分布，Wigner-Ville Distribution—WVD）、小波变换、EMD 和 LMD 算法原理及其应用于埋弧焊电弧电信号的分析与处理。

（3）通过获取实时反映焊接过程电弧稳定性和质量的电弧能量特征信息，应用现代智能信息处理技术，实现对焊接质量进行在线、准确的识别及工艺参数优化设计，以实现埋弧焊过程焊接质量数字化检测的目的。在第 2～7 章介绍的信号处理方法的基础上,第 8 章详细介绍了典型常用的神经网络和 SVM 两种智能信息处理技术原理,及其在埋弧焊质量缺陷检测与识别、双丝高速埋弧焊工艺参数优化选择中的应用。

参 考 文 献

[1] 周正干,刘斯明.非线性无损检测技术的研究、应用和发展[J].机械工程学报,2011,47(8):2-11.

[2] 封秀敏,刘丽婷.焊接结构的无损检测技术[J].焊接技术,2011,40(6):51-54.

[3] 焊接方法与设备:卷 1[M]//潘继銮,等.焊接手册.北京:机械工业出版社,1992.

[4] 陈裕川,李敏贤,等.焊工手册[M].2 版.北京:机械工业出版社,2006.

[5] 姜焕中.电弧焊及电渣焊[M].北京:机械工业出版社,1989.

[6] LYTLE A R,FROST E L. Submerged-melt welding with multiple electrodes in series[J]. Welding journal,1951,30(2):103-110.

[7] ASHTON T. Twin-arc submerged arc welding[J]. Welding journal,1954,33(4):350-355.

[8] 陈丙森.计算机辅助焊接技术[M].北京:机械工业出版社,1999.

[9] 赵亚光.微型计算机在焊接中的应用[M].西安:西北工业大学出版社,1991.

[10] 王其隆.弧焊过程质量实时传感与控制[M].北京:机械工业出版社,2002.

[11] 杨燕.焊接过程实时监测与质量分析系统[D].南京:南京理工大学,2006.

[12] 贾占远.电弧焊工艺参数监测及分析系统研究[D].吉林:吉林大学,2004.

[13] 薛家祥,李海宝,张丽玲.弧焊过程电信号的频谱分析[J].电焊机,2005,35(8):43-46.

[14] 薛家祥,易志平.弧焊过程电信号的小波包分析[J].机械工程学报,2003,39(4):128-130.

[15] 罗贤星,师宁侠,张晨曙.应用 Visual Basic 实现点焊电流和压力的实时监测[J].电焊机,2003,33:14-16.

[16] 高战蛟,罗震,中一平,等.基于 Labview 铝合金点焊电流和电极压力监控系统的研究[J].焊接技术,2006,35:44-46.

[17] 金丽华.电阻焊数据采集分析系统研究[D].兰州:甘肃工业大学,2004.

[18] 史涛.基于 Labview 的铝合金点焊数据采集系统的设计[Z].中国科技论文在

线,2005.

[19] 王笑川,杨宗辉.基于虚拟仪器 CO_2 弧焊分析仪的研制[J].仪表技术,2005(2):44-45.

[20] 武华,杨宗辉,柳秉毅.基于虚拟仪器的 CO_2 弧焊品质定量评价系统[J].南京工程学院学报(自然科学版),2004,2(4):22-28.

[21] 王笑川,杨宗辉,李铜.基于 Labwindows/CVI 的 CO_2 弧焊品质定量评价系统[J].电焊机,2005,35(4):35-37,55.

[22] HE K F,ZHANG Z J,CHEN J,et al. Ethernet solutions for communication of twin-arc high speed submerged arc welding equipments[J]. Journal of computers,2012,7(12):3052-3059.

[23] LI Q,LI X J,HE K F. Digital monitoring and control system based on ethernet for twin-arc high speed submerged arc welding[J]. Lecture notes in electrical engineering,2012,138:517-526.

[24] SHEA J E,GARDNER C S. Spectroscopic measurement of hydrogen contamination in weld arc plasmas[J]. Journal of applied physics,1983,54(9):4928-4938.

[25] YOSHIAKI A. Effect of current waveform on TIG welding arc sound[J]. Transcations of JWRI,1980,9(2):25-29.

[26] YOSHIAKI A. Vibration analysis of base metal during welding[J]. Transcations of JWRI,1981,10(1):39-45.

[27] SAINI D,FLOYD S. An investigation of gas metal arc welding sound signature or on-line quality control[J]. Welding journal,1998(4):175-179.

[28] JOHNSON J A,CARLSON N M,SMARTT H B. Process control of GMAW:Sensing of metal transfer model[J]. Welding journal,1991,70(4):91-99.

[29] QUINN T P,MADIAN R B,MORNIS M A. Contact tube wear detection in gas metal arc welding[J]. Welding journal,1995,74(4):115-121.

[30] CHO Y,KIM Y,RHEE S. Development of a quality estimation model using multivariate analysis during resistance spot welding[J]. Welding journal,2002,81(6):104-111.

[31] 区智明. CO_2 焊接电弧信号分析与稳定性的评价:第三届计算机在焊接中的

应用技术交流论文集[C].北京:清华大学,2001,11:239-243.

[32] 曾安,李迪,潘丹,等.基于 MSPC 方法的 GMAW 在线监测[J].焊接学报,2003,24(1):5-8.

[33] 俞建荣,蒋力培,史耀武.CO_2 弧焊熔滴过渡过程的特征及其定量评价[J].机械工程学报,2002,38(2):137-140.

[34] 张晓囡,李俊岳,黄石生,等.基于小波分析的 CO_2 弧焊电源工艺动特性的评定[J].机械工程学报,2002,38(1):112-116.

[35] 薛家祥,张晓囡,黄石生.弧焊过程电信号小波软阈值消噪[J].焊接学报,2000,21(2):18-21.

[36] 宣兆志,李国辉,路佳,等.小波分析在 CO_2 弧焊控制中的应用[J].吉林大学学报(工学版),2006,36(4):480-483.

[37] 周漪清,薛家祥,何宽芳.埋弧焊方波电弧信号的指数衰减型阈值消噪[J].焊接学报,2011,32(6):5-8.

[38] 周漪清,王振民,薛家祥.电弧故障信号的小波检测与分析[J].电焊机,2012,42(1):47-49.

[39] 罗怡.应用联合时频分析研究 CO_2 焊接过程中的电信号[J].焊接学报,2008,28(2):75-78.

[40] 罗怡,伍光凤,李春天.Choi-Williams 时频分布在 CO_2 焊接电信号检测中的应用[J].焊接学报,2008,29(2):101-103,107.

[41] HE K F,ZHANG Z J,XIAO S W,et al.Feature extraction of AC square wave SAW arc characteristics using improved Hilbert-Huang transformation and energy entropy[J].Measurement,2013,46(4):1385-1392.

[42] 何宽芳,肖思文,伍济钢.小波消噪与 LMD 的埋弧焊交流方波电弧信息提取[J].中国机械工程,2013,16(24):2141-2145.

[43] HE K F,WU J G,WANG G B.Time-frequency entropy analysis of alternating current square wave current signal in submerged arc welding[J].Journal of computers,2011,6(10):2092-2097.

[44] LI X J,LI Q,HE K F,et al.Arc stability analysis of square wave alternating based on wavelet energy entropy[J].Journal of convergence information technology,2012,7(22):710-718.

[45] HE K F,LI Q,CHEN J.An arc stability evaluation approach for SW AC

SAW based on Lyapunov exponent of welding current[J]. Measurement, 2013,46(1):272-278.

[46] MASNATA,SUN SERI M. Neural network classification offlaws detected by ultrasonic means[J]. NDT E international,1996,29(2):87-93.

[47] 刚铁.基于神经网络的焊接缺陷智能化超声模式识别与诊断[J].无损检测, 1999(12):529-532.

[48] HUANG W,KOVACEVIC R. A neural network and multiple regression method for the characterization of the depth of weld penetration in laser welding based on acoustic signatures[J]. Journal of intelligent manufacturing,2011,22(2):131-143.

[49] GAO X D,YOU D Y,KATAYAMA S J. Seam tracking monitoring based on adaptive kalman filter embedded elman neural network during high-power fiber laser welding[J]. IEEE transactions on industrial electronics,2012,59 (11):4315-4325.

[50] 刘鹏飞,单平,罗震.基于信号分形与支持向量机的点焊检测方法[J].焊接学报,2007,28(12):39-41.

[51] 申俊琦,胡绳荪,冯胜强.基于支持向量机的焊缝尺寸预测[J].焊接学报, 2010,31(2):103-106.

[52] MU W L,GAO J M,JIANG H Q. Automatic classification approach to weld defects based on PCA and SVM[J]. Insight-non-destructive testing and condition monitoring,2013,55(10):535-539.

[53] HE K F, LI X J. A quantitative estimation technique for welding quality using local mean decomposition and support vector machine[J]. Journal of intelligent manufacturing,2016(27):525-533.

[54] HE K F,XIAO D M. A novel hybrid intelligent optimization model for twin wire tandem co-pool high-speed submerged arc welding of steel plate[J]. Journal of advanced mechanical design,systems,and manufacturing,2015,19 (2):1-15.

2 埋弧焊电信号采集与分析系统集成

埋弧焊过程电信号采集与分析系统整体结构如图 2-1 所示,硬件传感器拾取焊接过程电弧信号,经预处理电路和采集电路转换为数字信号输入计算机,计算机软件完成对采集的电弧信号的存储、显示、分析和处理等功能[1-3]。

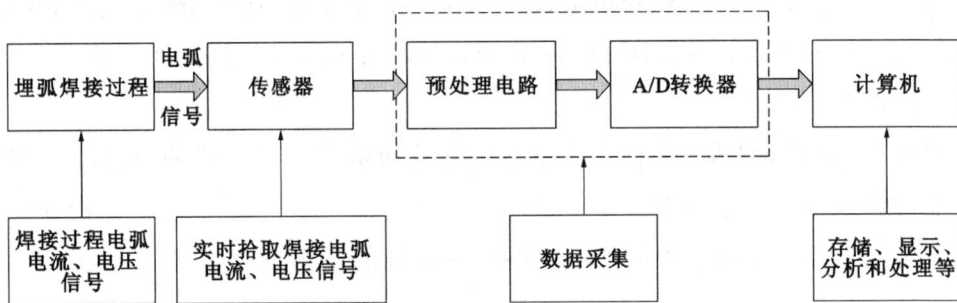

图 2-1 埋弧焊过程电信号采集与分析系统整体结构

2.1 埋弧焊电信号采集中的传感元件

2.1.1 焊接质量检测常用传感器

传感器是实现焊接过程数字化检测的重要部件,只有获取实时、稳定、可靠的焊接过程信息,才能使检测过程测试与分析的结果更真实地反映焊接过程的实际。焊接质量传感器是一种装置,它可观察和检测与焊接质量有关的情况,提供量化的信息,用来实现焊接过程质量检测或为焊接质量的自适应控制提供先验知识。焊接质量的检测,可以通过传感器观察和检测与焊接行为本身有关的焊接过程电弧所包含的多种信息情况来实现,如:电弧燃烧稳定性、弧长、熔滴过渡行为、飞溅情况、焊接变形等。也可以利用传感器观察与检测非焊接行为的情况,亦即对焊接质量有显著影响的被焊工件的情况,如:焊接电流、电压、电弧声音、焊枪与对缝的对中、对缝间隙、剖口形状等。传感装置可以代替人的感官,而且可以提供比人的感官更精确、更快捷、更稳定、再现性更好的信息,是发展高水平自适应控制焊接质量生产过程必需的前提条件。随着现代传感技术的发展,在焊接质量检测中,已有不少传感器成功用于生产,按照传感器工作原理主要分为以下几种[4-13]:

(1)接触式传感器。这种接触式传感器主要用来提取焊接位置(焊缝跟踪)及起始位置信息,主要形式有接触探头式和电极接触式。

(2)非接触式传感器。这种传感器所提取的信号范围很广,从起始焊接位置、焊缝跟踪信号到焊缝熔透、热影响区尺寸等信号皆可提取到。其主要类型有:利用物理现象的传感,即电磁传感器、电容传感器、超声传感器、红外辐射传感器、涡流传感器和热传感器;利用电弧现象传感,即电弧传感器(电弧电流、电弧电压)、电弧光传感器和电弧声传感器;利用光学视觉的传感,即激光视觉传感器、图像传感器和工业电视传感器。

由于非接触式传感器具有检测信号种类广泛、灵活性较好、使用方便等优点,这种非接触式传感器将在焊接生产中不断扩大应用,成为焊接质量控制传感器的主要形式,是焊接传感器的发展方向。

2.1.2 传感器的选择

传感器是有效拾取焊接过程电弧信号、保障后续信息处理、特征提取和过程监控的基础。因此,所选传感器应有合适的测量范围且具有良好的线性度和高精度。埋弧焊两电弧在焊剂中燃烧,人们无法通过光学和红外传感的方法对焊接过程中的熔池的物理特征进行传感。所以在埋弧焊过程中,一般是通过对焊接过程电弧能量(电流、电压)信号的传感与采集,实现对焊接过程质量的检测与控制的。正如前面所讲,由于非接触式传感器在焊接质量检测中具有优势,同时也是焊接传感器的发展方向。目前应用最为普遍的是非接触式电流、电压传感器。这种非接触式电流、电压传感器采用霍尔传感器,其原理如图 2-2 所示。霍尔传感器基于电磁霍尔效应原理制成,传感器电路与原来电路没有电的联系,传感器的接入将对原来电路的影响降到最小,而且霍尔传感器具有较快的动态响应和较高的精度,能真实反映各种瞬变信号。霍尔传感器不但能测量交流信号而且能测量直流信号,不但能测量电流信号还能测量电压信号。

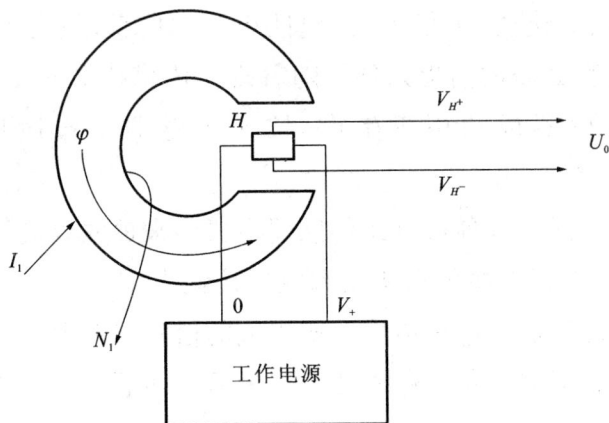

图 2-2　霍尔传感器内部原理图

焊接电流传感器和电弧电压传感器的区别在于它们使用的传感器核心部件不同,焊接电流传感器使用的是电流霍尔效应器件,电弧电压传感器使用的是电压霍尔效应器件。但它们都是基于霍尔效应原理制成的,主要功能是把焊接电流和电弧电压的强电信号转换为供后续预处理、采集电路的弱电信号。

实际应用过程,用户可以根据厂家提供的电流、电压传感器的性能指标如输入电流和电压的范围、供电电压、精度等参数进行选择。该类传感器接线和操作使用简单,图 2-3 为典型的电流传感器接线图,图 2-4 为典型的电压传感器接线图。

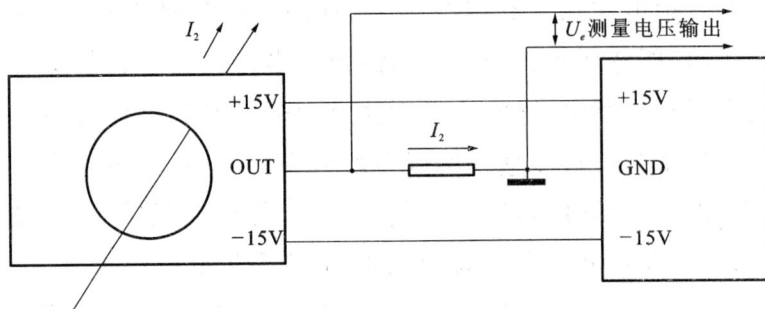

图 2-3　电流传感器接线图

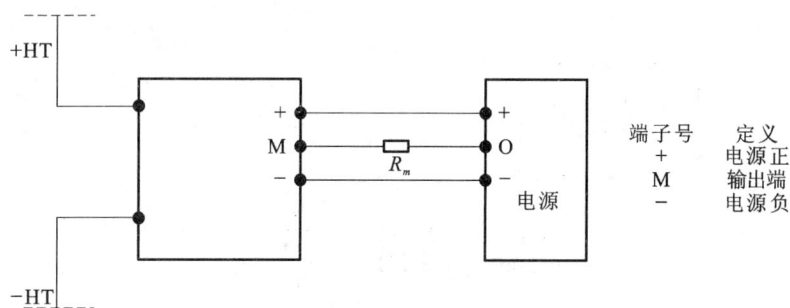

图 2-4   电压传感器接线图

2.2   埋弧焊电信号采集中常用的电路

接口电路部分主要包括模拟量输入、输出和开关量 I/O 输出接口电路。模拟量输入接口的任务是把被控对象的模拟信号(如焊接电流、电压、速度的反馈量)转换成计算机可以接受的数字量信号,通常也把模拟量输入通道简称为 A/D 输入通道;模拟量输出接口的任务是把计算机输出的数字量信号转换成模拟电压或电流信号,以便驱动相应的执行机构,达到控制的目的,模拟量输出通道一般由接口电路、数模转换器和电压、电流变换器构成,通常也把模拟量输出通道简称为 D/A 输出通道。数字量输出接口的任务是把计算机输出的数字信号(或开关信号)传送给开关器件(如继电器或指示灯),控制它们的通、断或亮、灭,简称 I/O 通道。根据埋弧过程检测的功能和任务划分的要求,将接口电路分为:焊接电流给定与检测、焊接电压给定与检测。

2.2.1   焊接电流检测电路

2.2.1.1   焊接电流给定

由计算机进行焊接电流设定的接口电路如图 2-5 所示,D/A 转换器输出负端与埋弧焊控制板共地,这样可以通过该电路由计算机进行焊接电流给定。

2.2.1.2   焊接电流检测

根据 A/D 输入信号范围,必须将霍尔元件输出的小电流信号首先变换为电压信号,再经放大滤波后进入 A/D 转换通道。焊接电流采样电路如图 2-6 所示,焊接电流采样值送入 AD 模块引脚,用于焊接电流检测。

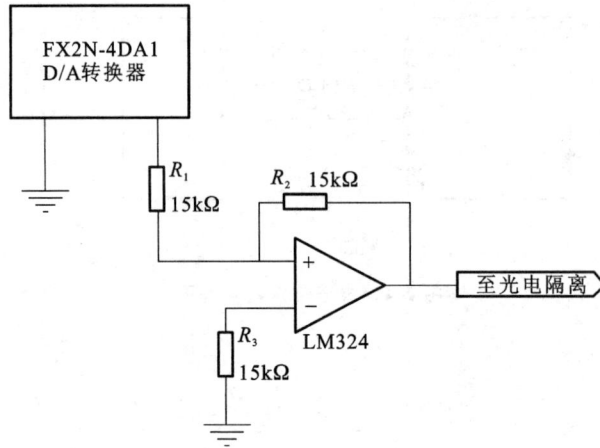

图 2-5 焊接电流给定电路

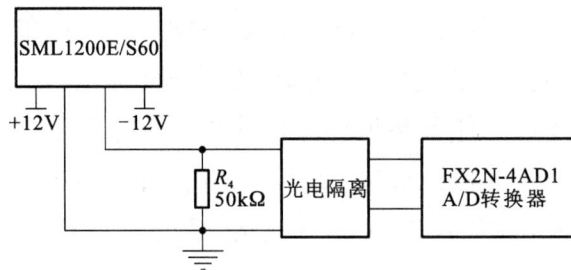

图 2-6 焊接电流采样电路

2.2.2 焊接电压检测电路

2.2.2.1 焊接电压给定

由计算机进行焊接电压给定的控制电路如图 2-7 所示,D/A 转换器输出负端与埋弧焊控制板共地,正端接电阻 R_{11} 后到运算放大器的输入端,最后经光电隔离输入双丝埋弧焊控制盒,由计算机进行焊接电压的给定。

2.2.2.2 焊接电压检测电路

电压检测电路如图 2-8 所示,采集到的焊接电压信号经 LC 滤波、分压后通过光耦 TLP521-2 隔离得到 $-10 \sim +10\text{V}$ 反馈电压信号给 AD 模块输入通道。

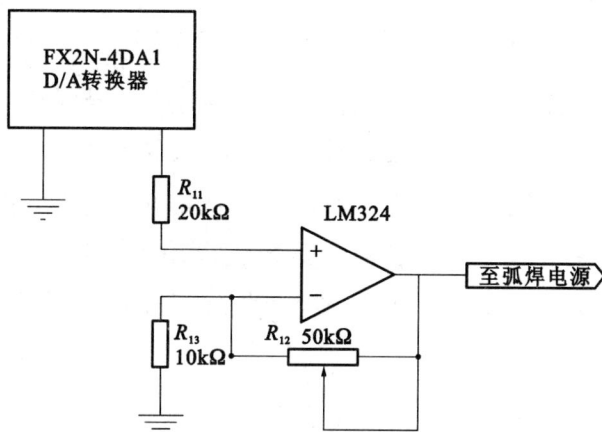

图 2-7 焊接电压给定电路

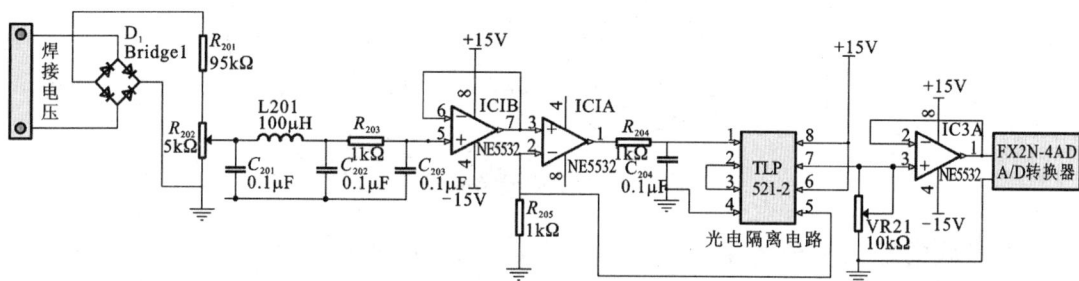

图 2-8 焊接电压检测电路图

2.2.3 光电隔离电路

埋弧焊装备包括供电与控制两部分,前者属于大功率强电,后者属于弱电。在双电弧焊接过程中,当两台电源和行走机构在大电流、强电弧等干扰状态下工作时,干扰信号可通过地线或电源线进入控制电路并产生对控制电路的干扰。因此,双电弧埋弧焊接装备的给定信号以及电弧电流、电压反馈信号都必须采用隔离方式传输[14,15]。

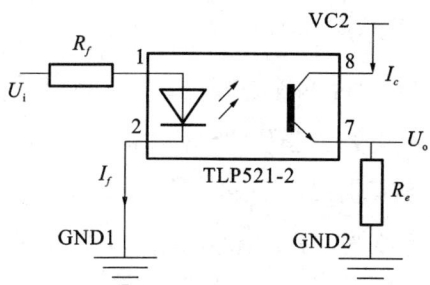

图 2-9 数字信号光电隔离

2.2.3.1 数字信号光电隔离

数字信号的传递常采用的隔离方式是采用光电隔离器件对信号进行不共地传输,如图 2-9 所示。由于光电隔离器件存在非线性,对数字信号的传递不存在问题。

2.2.3.2　模拟信号光电隔离

由于光电隔离器件存在非线性,这样在传输模拟信号时就不可避免存在非线性失真的问题[16,17],但在传递模拟信号时,既要起隔离作用,又要保证严格的线性。为了实现多路计算机模拟给定及反馈信号的隔离传输,一种高精度的10V线性隔离放大电路如图2-10所示,隔离电路板还采用了价格低廉的LM324运放集成电路和光耦TLP521-2,实现了10V线性模拟信号的隔离传输。

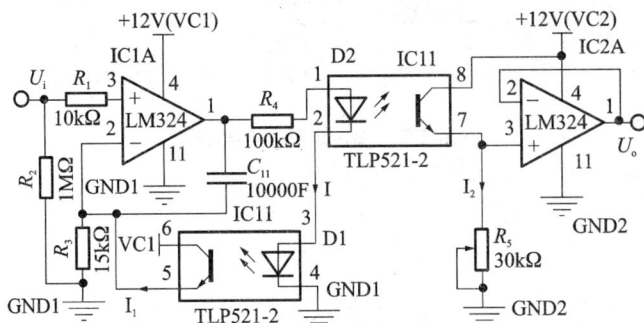

图 2-10　模拟信号光电隔离

设光耦的输入电流为 I_f,由器件手册可知 I_f 的典型值为 $16\sim20\mathrm{mA}$,当 $I_f=10\mathrm{mA}$ 时,发光二极管的压降 $U_f=1.0\sim1.3\mathrm{V}$,设光耦的电流传递系数为 g,集电极电流为 $I_c=gI_f$,空载时输出电压为:

$$U_\mathrm{o}=I_c\cdot R_e=gI_f\cdot R_e \tag{2-1}$$

限流电阻 R_f 为:

$$R_f=\frac{U_\mathrm{i}-U_f}{I_f} \tag{2-2}$$

根据输出电压 U_o 的范围和技术手册给出的参数,决定 R_f、R_e,如图2-10所示,取两电源电压为12V,R_f、R_e 分别取 $100\mathrm{k\Omega}$、$15\mathrm{k\Omega}$(即图2-10中 R_3 和 R_5),R_5 实际为 $30\mathrm{k\Omega}$ 可调电阻。

利用了TLP521-2中的两个发光二极管串联,使流过两个发光二极管的电流一样,形成差分负反馈,补偿光耦的非线性电流传输系数。虽然光耦是非线性的,但两光耦集成在一个芯片内,可保证其特性基本一致,非线性程度相同,故产生相互抵消作用。设图2-10中两个光耦的电流传输系数分别为 g_1、g_2,流过两个光耦发光二极管的电流为 I,两个运放为理想运放,利用其虚短、虚断、输入阻抗无穷大的概念,导出 I、I_1 和 I_2 的关系:

$$I_1 = g_1 \cdot I; I_2 = g_2 \cdot I$$

由图 2-10 可导出下列表达式:

$$U_i = I_1 \cdot R_3 = g_1 \cdot I \cdot R_3 \tag{2-3}$$

$$U_o = I_2 \cdot R_5 = g_2 \cdot I \cdot R_5 \tag{2-4}$$

假设设计要求输出、输入电压相等,即:$U_o/U_i = 1$(可根据需要改变比值),得 $g_1 \cdot I \cdot R_3 = g_2 \cdot I \cdot R_5$,即:

$$g_1 \cdot R_3 = g_2 \cdot R_5 \tag{2-5}$$

$$\frac{g_1}{g_2} = \frac{R_5}{R_3} = C \tag{2-6}$$

C 为常数,因为两个光耦集成在一个芯片上,其特性基本一致,它们的电流传输系数之比为常数(通常接近 1),即:$\frac{g_1}{g_2} = C$,这时通过调整 R_5,使 $\frac{R_5}{R_3} = C$,则式 (2-5)和式(2-6)就相等,$U_o = U_i$ 就成立了。实际测试结果表明,在电路调整完后,R_5、R_3 均固定了,但二者之比为常数 C,满足式(2-6),只要式(2-6)成立,就能得出 $U_o = U_i$ 的结论。

通过对输入端给定 2V、6V、8V 调节图 2-10 中可调电阻 R_5,使输出电压最接近输入电压 2V、6V、8V,然后固定 R_5,再改变输入电压,逐点测试输入电压与输出电压的关系,测试结果如图 2-11 所示。图 2-11 中所示测试结果表明,该电路具有精度高、失真小,可以满足埋弧焊过程计算机实时监控过程模拟信号给定及检测的要求。

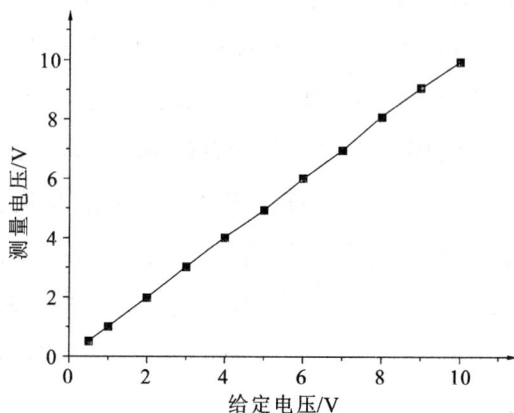

图 2-11　输入输出电压的关系

2.2.4　数据采集电路

目前,在焊接过程实时监测和信号采集等系统中,数据通信大都通过现场总线、RS-485、RS-232 或 PCI 接口实现。近年来,嵌入式以太网技术不断发展和成熟,并且它具有传输速率高、抗干扰能力强、容量大、结构简单、成本低等优点,在数据采集和实时监测领域得到了很好的应用和发展[18,19]。本节对应用最为广泛的基于 PCI 和以太网卡的两种采集技术情况进行介绍。

2.2.4.1　基于 PCI 的数据采集[20,21]

基于 PCI 总线的数据采集系统,充分利用 PCI 总线的高传输速率、计算机强大的计算能力和操作系统良好的人机界面,将大量数据传输至计算机内存,然后通过自主开发的应用程序对采集的数据进行 FFT(Fast Fourier Transformation,快速傅里叶变换)等后期分析与处理,实现了数据的高速采集和传输。根据用户设备的性质不同,连接到 PCI 总线上的设备可分为 MASTER(主控设备)和 TARGET(目标设备)两种,相应的 PCI 接口类型也分为 MASTER 和 TARGET 两种。主控设备可以控制总线驱动地址、数据和控制信号,目标设备不能启动总线操作,只能依赖于主控设备从其中读取或向其传输数据。

通常情况下,TARGET 接口适用于需要同 PC 慢速交换数据的接口设备,目标板上没有 CPU 或者有 CPU 但不需要控制 PCI 总线,不需要向 PC 主动地传输数据。目标板上通常有 A/D、D/A 转换,数字 I/O 和 S/P(串,并)转换,复杂一点的可配置单片机、CPLD 和 FPGA 等。MASTER 接口则适用于需要同 PC 快速进行数据交换的接口设备或者在不希望 PC 干预的情况下交换数据的接口设备,目标板上必须安装 CPU,比如单片机、DSP、ARM 或 ASIC 等芯片。数据采集卡将采用 MASTER,即主控设备接口,原因有两个:①采集系统的数据传输是由目标板发起的。采集卡开始工作后通常处于待机状态,只有当运动的目标到来时,才产生触发信号,进而引发数据的采集和传输。②为了提高数据传输速率,在数据采集过程中要采用 DMA(Direct Memory Access)方式,即直接存储器存储,这种方式要求数据采集卡必须为主控设备。

图 2-12 是典型的使用大规模可编程逻辑器件实现基于 PCI 接口的雷达数据采集系统的框图,FPGA 作为系统的总控制枢纽,内置了多个功能部件,主要包括采集控制模块、数据缓冲模块和 PCI 接口逻辑模块。除了 FPGA 芯片之外,还有

A/D、D/A、配置 FPGA 用的 PROM 以及用来存储数据的 SRAM 等。

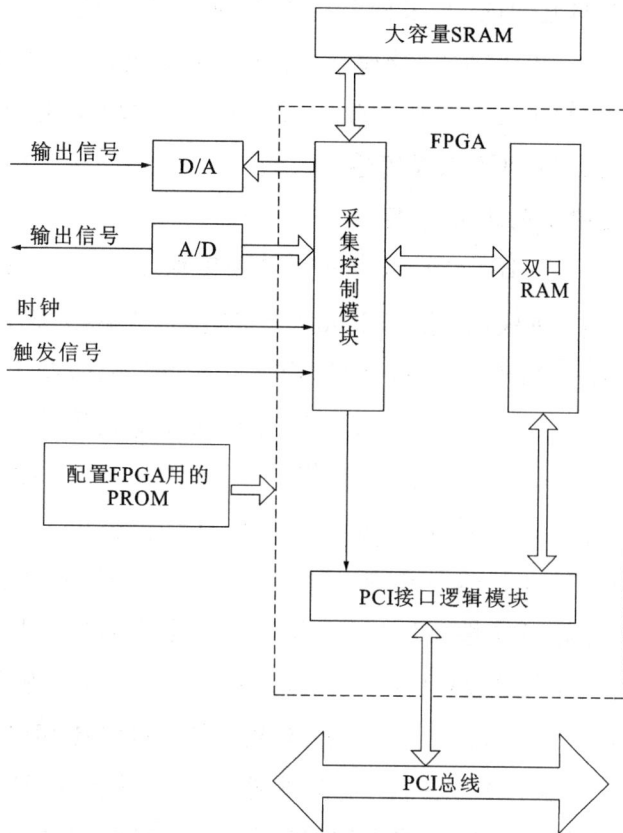

图 2-12　用 FPGA 实现的基于 PCI 接口的数据采集系统

　　这种方案采用 FPGA＋PCI 软核的方式，将用户逻辑与 PCI 核集成在一片 FPGA 芯片中。用户可根据实际要求配置 PCI 软核，并可以通过顶层仿真及下板编程验证 PCI 接口以及用户逻辑设计的正确与否，具有很高的灵活性。图 2-13 所示为一种典型的基于 PCI 总线的数据采集卡的设计方案，本数据采集卡包括信号处理、模数转换、数据缓冲、PCI 接口和逻辑控制五个功能模块。

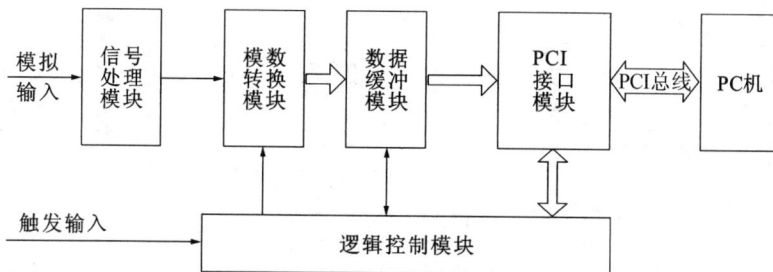

图 2-13　基于 PCI 总线的数据采集卡总体设计方框图

可以看到,信号处理模块对输入的模拟信号进行滤波和放大,将信号处理至适合 A/D 输入电压的范围内,在采样时钟的控制下,处理后的模拟信号通过模数转换模块转换为 12bit 的数字信号输入数据缓冲模块,缓冲模块中的数据经过PCI 接口以 DMA 方式写入计算机内存中,逻辑控制模块负责协调各模块的逻辑关系,控制数据的采集和 PCI 总线传输。

2.2.4.2　基于以太网卡的数据采集

基于以太网卡(TCP/IP)的电弧能量信号采集模块主要由 ARM 控制器、电流电压采样电路、A/D 转换模块、存储单元及网络接口电路组成,其结构如图 2-14所示。该模块采用以太网进行双向通信,相比较 USB、RS232、PCI 等数据传输方式,基于以太网 TCP/IP 协议的传输方式具有数据传输速率高、传输容量大、抗干扰能力强、传输距离远、易于安装使用等优势[22]。然而,焊接过程复杂多变,电弧信号干扰严重,因此,要求信号采集和监测系统具有很好的实时性和可靠性。将以太网通信应用到双丝埋弧焊的电弧能量信号监测中,能有效克服这些困难,提高系统监测的实时性和可靠性,以保证焊接过程中采集系统能稳定可靠地进行。

如图 2-14 所示,其中 A/D 转换器分辨率为 16bit,采用真硬件同步,每路独立运放、独立 A/D 转换,抗干扰能力强。采集到的主从机电流和电压信号经 A/D 模块转换成数字信号,再通过以太网控制器处理打包后从网络接口传送给上位机。网络接口电路以单片以太网控制器 DM9000AEP 为核心,信号采集模块与上位机之间的通信通过双绞线连接实现。将该采集模块作为电弧能量信号采集系统的核心部分,可以实现双丝埋弧焊两电弧对应的四路电流电压信号的同步采集和存储。

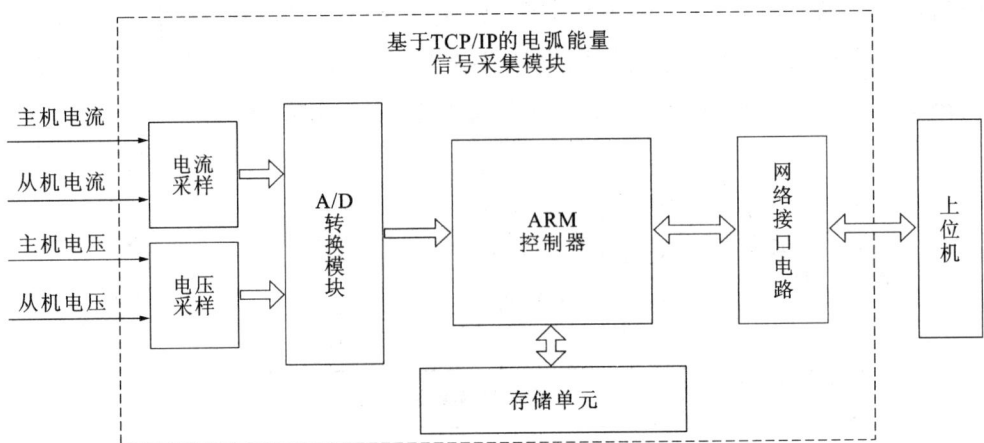

图 2-14　基于 TCP/IP 的电弧能量信号采集模块

接口电路部分主要包括网络接口电路、电流和电压采样电路。根据双丝埋弧焊过程电弧能量信号实时采集的任务要求,结合基于 TCP/IP 的电弧能量信号采集模块,本文设计了网络接口、焊接电流采样电路以及焊接电压采样电路。

网络接口主要由 RJ-45 连接器和以太网控制器 DM9000AEP 组成。DM9000AEP 是 DAVICOM 公司设计的一款高集成、低成本的单片以太网物理层控制器,具有处理器接口可通用、低能耗和高处理性能的特点,且外围电路设计简单[23]。DM9000AEP 符合 Ethernet 标准,支持 IEEE802.3 全双工的流量控制模式和半双工 CSMA/CD 流量控制模式;集成 10/100Mbps 自适应全双工数据收发器;内置 16KB 的 SRAM,其中 13KB 用作接收缓冲区,3KB 用作发送缓冲区;支持 8/16 位数据总线、中断申请以及 I/O 地址选择,内部寄存器的操作简单。以太网接口采用集成网络变压器的 RJ-45 连接器,通过双绞线连接到上位机,实现基于以太网的数据通信。网络接口硬件连接示意图如图 2-15 所示。

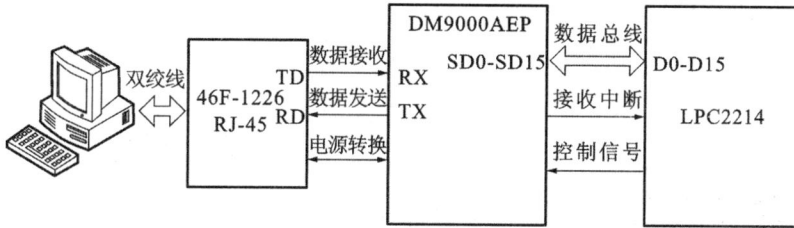

图 2-15　网络接口硬件连接示意图

2.3　焊接电弧电信号采集与分析编程

软件系统设计是实现检测系统硬件稳定、智能运行的关键,是实现焊接质量数字化检测的核心载体,通过软件编程可以实现对电弧信号采集、存储与编辑、实时显示,同时还可以对采集的电弧信号进行数字滤波、时域分析、频域分析、时频域分析,实时观察焊接过程的稳定性和焊接质量的分析和判断。按埋弧焊质量在线检测系统功能特点要求,软件设计主要包括数据采集程序和人机界面两部分。系统数据采集程序主要负责焊接过程电弧能量信号的动态采集,人机界面主要是方便在上位机上进行参数采集和采样通道的设置以及数据的示波、存储、编辑及分析。

2.3.1　采集程序

根据前面介绍常用的基于 PCI 和以太网卡的两种硬件采集平台,接下来介绍相对的采集程序的设计思路。

2.3.1.1　基于 PCI 数据采集程序

基于 PCI 数据采集卡的采集程序包括两部分工作过程,第一部分工作过程用于数据采集卡工作方式的设定,第二部分工作过程为数据采集阶段。相应程序也要完成两个功能:第一个功能是从主机接收并寄存数据采集卡的命令控制字,确定采集卡的采样率、触发方式等参数;第二个功能是协调各模块的工作,根据各种状态信息和命令产生各模块的控制信号,保证在采集开始后,数据可以通过 PCI 接口完整有序地传送到 PCI 总线上。图 2-16 和图 2-17 分别为数据采集初始化流程及数据传输流程图[20,21]。

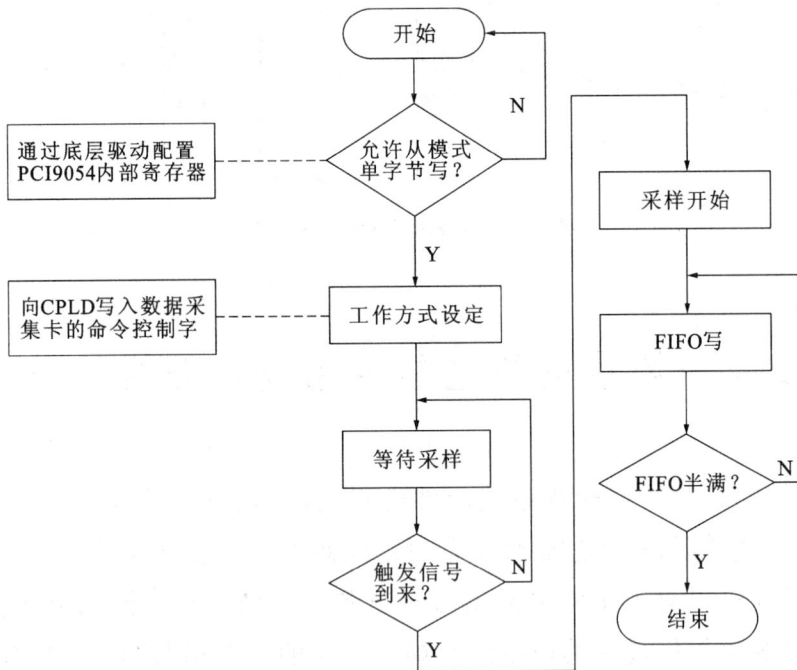

图 2-16　数据采集初始化流程

数据采集卡要进行数据采集的工作,首先由主机以 PCI9054 从模式单字节写方式向 CPLD 写入命令控制字,确定采集卡的采样率、触发方式等参数,以进行 A/D 转换及 FIFO 写操作,改写相应的状态控制字。在触发信号到来之后,数据

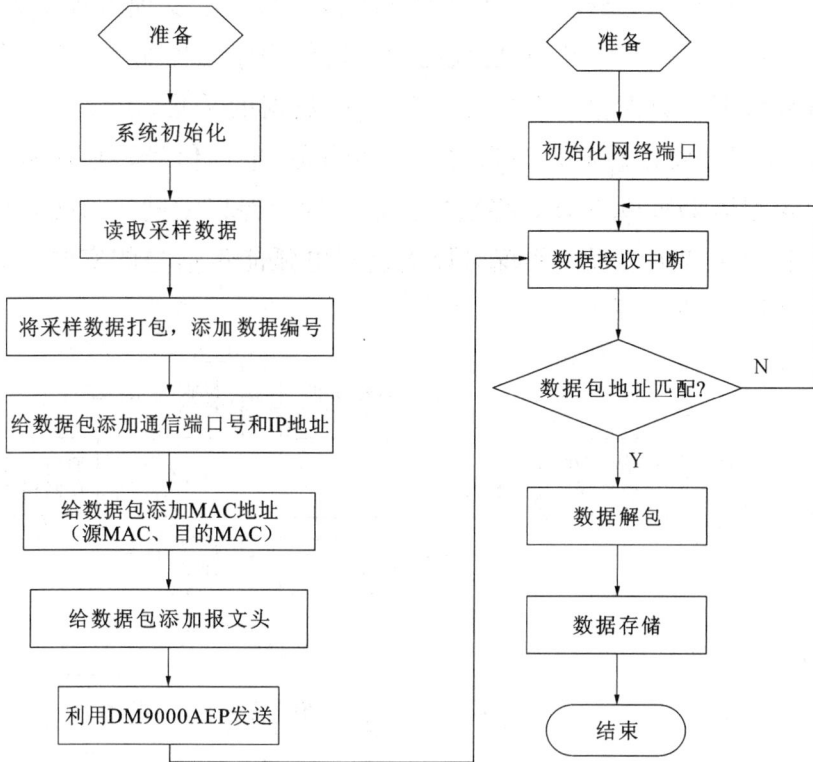

图 2-17　数据传输流程图

采集开始,A/D 转换模块输出的数据写入 FIFO。

　　数据采集开始后,FIFO 将分别经历全空、将空、半满等状态,当 FIFO 为半满信号时,向计算机发送中断请求信号。主机 CPU 响应中断,在中断响应程序中给出 DMA 读命令,包括起始地址、传输字节数及传输方向等。接着启动本地总线的 DMA 读周期,开始 DMA 传输。计算机将通过 DMA 方式读取数据,完成数据传输。

2.3.1.2　基于以太网卡数据采集程序

　　以太网高效率、高速的数据通信是实现采样数据实时、高速地传递给上位机进行分析的首要保证,已研究出的技术成果——电弧能量信号系统,采用单片以太网控制器 DM9000AEP 来实现与上位机之间的数据通信。对于 DM9000AEP 的编程,主要是通过对其内部寄存器进行各种操作来完成的。

　　由于数据包最终要通过上位机接收,因此,采集到的焊接电流和电压等数据也必须按照 TCP/IP 协议标准打包,然后由 DM9000AEP 发送给 PC 机接收、处理。TCP/IP 协议是一种目前被广泛应用的网络协议。在嵌入式系统中,TCP/IP

协议主要包括：应用层、传输层、网络层和网络接口层。根据埋弧焊电弧信号采集系统的要求,设计的基于 TCP/IP 协议的数据通信程序流程如图 2-17 所示。

　　焊接过程数据采集程序主要完成焊接动态数据的采集、示波和存储,通过调用 A/D 转换子程序将传感器采集到的主从机电流、电压信号转换成数字信号,然后由以太网控制器 DM9000AEP 将数据打包处理后经以太网接口传送给上位机,通过调用接收程序和示波程序实现对焊接过程电弧能量信号的实时记录和存储。该程序流程如图 2-18 所示。

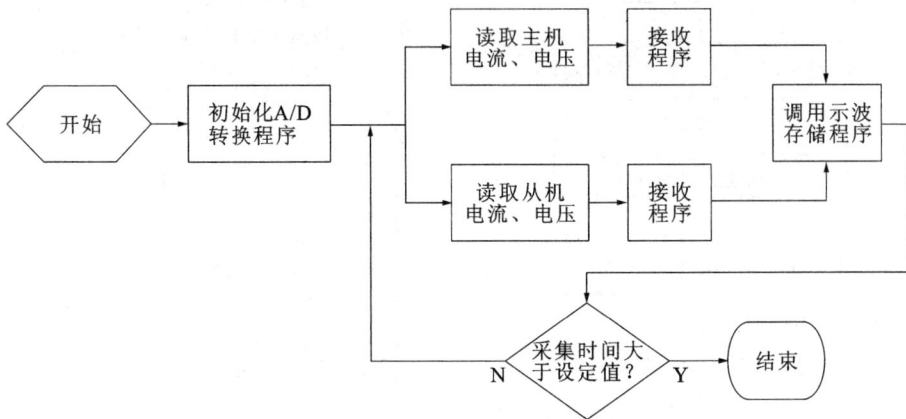

图 2-18　数据采集程序流程图

2.3.2　上位机人机界面设计

　　20 世纪 80 年代以来,随着计算机、多媒体技术、图形图像技术、计算机通信与网络技术的发展,出现了许多功能强大、可视性强的高级语言,诸如 VB、VC、Delphi、C++Builder 等。近几年来,随着网络的发展,检测仪器越来越注重软件系统的开发,主要集中在数据采集、数据测试和分析、结果输出显示三大部分,其中数据分析和结果输出完全由基于计算机的软件系统来完成,提高了对应用程序设计与开发的要求。计算机和软件技术在焊接领域的应用,可以通过对焊接过程中信息的获取、传输、存储、处理与分析,来预测焊接质量的稳定性,实现对焊接过程的量化分析,以减少人为因素对焊接过程带来的负面影响,取代以往由有经验的焊工根据焊接过程稳定性和焊缝成形来评判焊接质量的方法,使整个焊接制造过程更趋于集成化、智能化、柔性化且成本低。这对于推动我国焊接技术的发展,满足各行业需求,提高企业生产效率,改善产品质量,减轻工人劳动强度都有重要的意义。现在分别介绍在焊接质量检测中应用较为广泛的三种软件平台:VC、Delphi 和 Labview。

2.3.2.1 VC 编程技术[24,25]

Visual C++6.0 是 Microsoft 公司推出的 VC 最新版本,它是在早期版本的基础上不断改变、完善、发展而来的,用于支持 Win32 平台应用程序服务和控件的开发。Visual C++6.0 开发环境 Developer Studio 是由 Win32 环境下运行的一套集成开发工具所组成,包括文本编辑器、资源编辑器、项目建立工具优化编译器、增量连接器、源代码浏览器、集成调试器等。在 Visual C++6.0 中可以使用各种向导 MFC 类库和活动模板库(简称 ATL)来开发 Windows 应用程序向导,实质上是运用一种计算机辅助程序设计工具来帮助用户自动生成各种不同类型应用程序风格的基本框架,例如使用 MFC AppWizard 来生成完整的从开始文件出发的基于 MFC 类库的源文件,如资源文件;使用 MFC ActiveX Control Wizard 生成创建 ActiveX 控件所需要的全部开始文件(如源文件、头文件、资源文件、模块定义文件、项目文件、对象描述语言文件等);使用 ISAPI Extension Wizard 生成创建 Internet 服务器或过滤器所需要的全部文件;使用 ATLCOM AppWizard 来创建 ATL 应用程序;使用 Custom AppWizard 来创建自定义的项目类型,并将其添加到创建项目时的可用项目类型列表中。创建应用程序的基本框架后,可以使用 Class Wizard 来创建新类定义消息处理函数,覆盖虚拟函数。从对话框表单视图或者记录视图的控件中获取数据并验证数据的合法性,添加属性事件和方法到自动化对象中,此外还可以使用 WizardBar 来定义消息处理函数、覆盖虚拟函数并浏览实现文件(.cpp)。

Visual C++6.0 允许用户建立强有力的数据库应用程序:可以使用 ODBC 类(开放数据库互连)和高性能的 32 位 ODBC 驱动程序来访问各种数据库管理系统,如 Visual Foxpro 5.0、6.0,Access SQL Sever 等,可以使用 DAO 类(数据访问对象)通过编程语言来访问和操纵数据库中的数据并管理数据库对象与结构。VisualC++6.0 对 Internet 提供更强有力的支持:Win32 Internet API 使 Internet 成为应用程序的一部分并简化了对 Internet 服务(FTP HTTP Gopher)的访问。ActiveX 文档可以显示在整个 Web 浏览器或 OLE 容器的整个客户窗口中,ActiveX 控制可以用在 Internet 和桌面应用程序中。

将 Visual C++ 6.0 应用于焊接过程软件系统开发,为分析焊接过程中各种信号之间的关系以及对焊接过程的反映提供了一个有效的软件平台,以 VC 为软件开发平台,设计基于 VC 平台的焊接过程电弧信号采集,分析软件系统,对焊接过程进行检测与控制,可以实现视觉图像、电流、电压、弧光信号与电弧声信号实时同步采集及焊接过程电弧信号分析。

2.3.2.2 Delphi 编程技术[26]

Delphi 是著名的 Borland 公司开发的可视化软件开发工具。Delphi 提供了各种开发工具,包括集成环境、图像编辑(Image Editor),以及各种开发数据库的应用程序,如 DesktopDataBase Expert 等。除此之外,还允许用户挂接其他的应用程序开发工具,如 Borland 公司的资源编辑器(Resourse Workshop)。在 Delphi 众多的优势当中,它在数据库方面的特长显得尤为突出:适应于多种数据库结构,从客户机/服务机模式到多层数据结构模式;高效率的数据库管理系统和新一代更先进的数据库引擎;最新的数据分析手段和提供大量的企业组件。Delphi 作为一种功能强大的编程工具,具有易学、易用、开发效率高、界面制作美观方便等优点。Pascal 作为历史上第一种结构化的高级语言,在从事复杂算法编写方面也有着诸多优点,可是在软件开发快速运作的今天,用 Pascal 原始开发一些复杂的算法,不仅编译效率不高而且也影响开发进度。将 Delphi 应用于焊接过程检测与控制软件系统开发,可以充分利用 Delphi 灵活、强大、方便的编程能力,实现交互界面和强大的科学计算能力,使开发系统的软件具有功能强大、编程简单的特点。

2.3.2.3 Labview 编程技术[27,28]

虚拟仪器(Virtual Instrument,VI)是仪器技术与计算机技术深层次结合的产物,它是全新概念的仪器,是对传统仪器概念的重大突破,它使测量仪器与计算机之间的界限消失。虚拟仪器将传统仪器由硬件实现的数据分析处理与显示功能,改由功能强大的 PC 机及其显示器来完成;并配置以获取处理信号为主要目的的 I/O 接口设备(如数据采集卡 DAQ、GPIB 通用接口总线仪器、VXI 总线仪器模块、串口 RS-232/RS-485 仪器等);再编制不同测量功能的软件对采集获得的信号数据进行分析处理及显示。以这种方式构成的虚拟仪器系统实质是计算机仪器系统,从某种意义上来说,软件就是仪器。"虚拟"两字包含两方面含义:第一,虚拟仪器的面板是虚拟的;第二,虚拟仪器测量功能是由软件编程来实现的,也就是说测量仪器的功能可以根据用户需要自行设计软件来定义或扩展,不必购买昂贵的专用仪器,而且虚拟仪器可以与计算机同步发展,与网络及其他周边设备互联,这将给用户带来无尽的便利。虚拟仪器用于焊接过程分析的主要形式有:①分布式监测系统;②远程监控系统;③与智能技术相结合。利用 Labview 软件,通过所设计程序对焊接过程中采集到的 GMAW 焊接电流、电弧电压波形及高速摄像电弧图像进行研究分析,一方面使电信号波形及高速摄像电弧图像进行每个时刻的同步对应显示,并且同步显示该时刻的电流和电压的具体数值,从而可以使研究者更加直观清晰地观察到其对应关系,从而更加容易从宏观上分析整个焊接过程;另一方面通过 Labview 的强大计算分析功能对焊接过程的主要参数进行统计分析运算,使得焊接研究人员能够根据焊接参数进一步判断焊接过程的稳定性,为焊接质量的推断提供依据。

2.4　埋弧焊电弧电信号采集与分析系统介绍

2.4.1　基于以太网卡技术的埋弧焊电弧信号检测系统[29,30]

　　由湖南科技大学研发的一种用于双丝焊的交直流电流、电压信号检测装置,其结构示意图如图 2-19 所示。该装置由集成传感单元、信号处理单元、数据采集单元和计算机单元组成。所述集成传感单元输入端(V_{in1}、V_{in2})与弧焊电源(P1、P2)输出正负极相连接,弧焊电源(P1、P2)的输出电缆分别穿过集成传感单元箱体(A)的通孔(K_1、K_2)和集成传感单元的电流传感器 IS1、IS2,集成传感单元输出端与信号处理单元输入端相连接,信号处理单元输出端与数据采集单元输入端相连接,数据采集单元输出端与计算机单元相连接。使用该检测装置可以实现对双丝焊接过程两台弧焊电源输出的焊接电流、电压进行实时采集、显示与保存,以便利用采集到的焊接电流、电压数据对焊接质量及设备运行状态进行监测。该装置工作性能稳定,可靠性高,适用于各种双丝焊接场合。

　　该检测装置主要由计算机、基于 TCP/IP 的数据采集与监控模块、埋弧焊控制盒以及传感检测器件组成。各部分在双电弧高速埋弧焊装备中的布置如图2-20所示,测控系统实物图如图 2-21 所示。电流传感器 CS1 和 CS2 以及电压传感器 VS1 和 VS2 用来实时检测主从机电弧的电流和电压。基于 TCP/IP 的数据采集与监控模块是本系统的核心部分,主要负责传感器信号的处理、与上位机的通信以及控制指令的执行。埋弧焊控制盒根据监控模块输出的控制信号实现对主从机电源、送丝机构和行走机构的控制。计算机用来进行焊接参数的设定以及控制指令的输入,同时通过软件将采集到的主从机电压与电流状态实时显示出来。

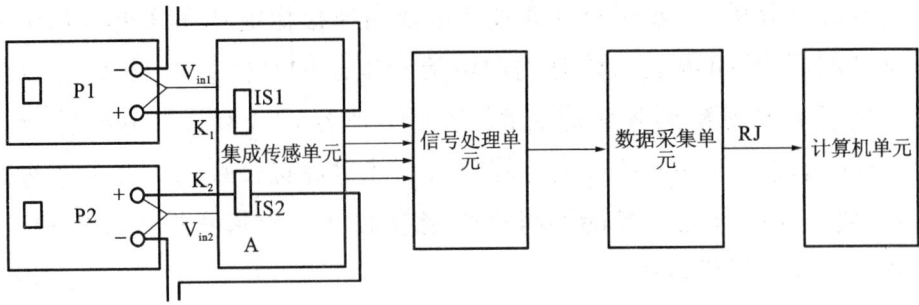

图 2-19　用于双丝焊的交直流电流、电压信号检测装置

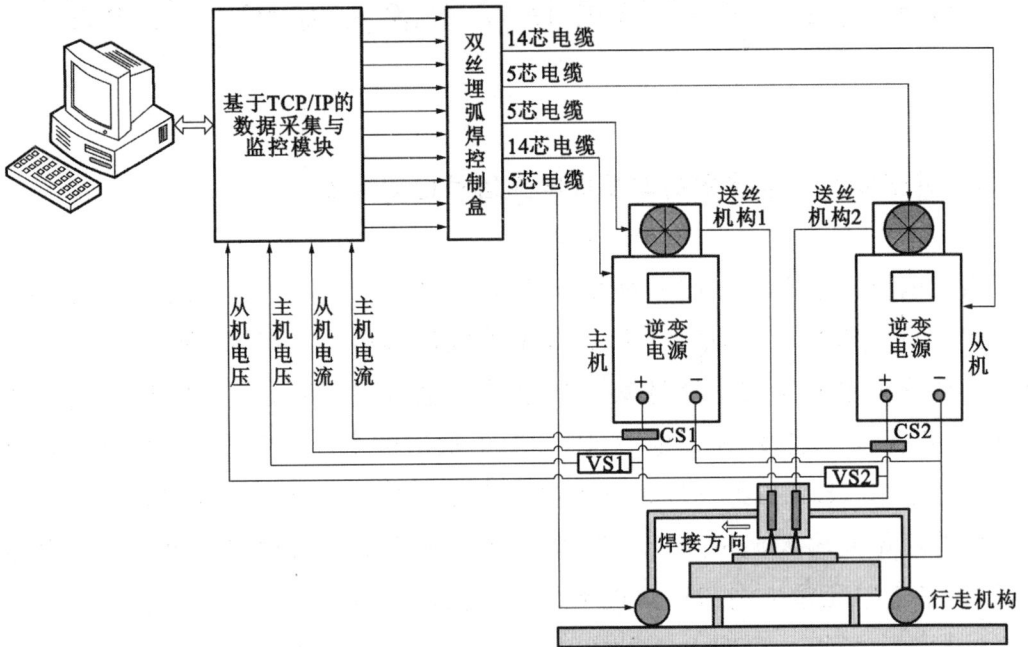

图 2-20　双丝埋弧焊测试示意图

图 2-21　测控系统实物图

人机界面软件采用 Delphi 编程语言实现，主要功能包括采样频率设置、采样时间设置、采样通道设置以及数据的存储和查询示波等。软件参数设置界面如图 2-22 所示。

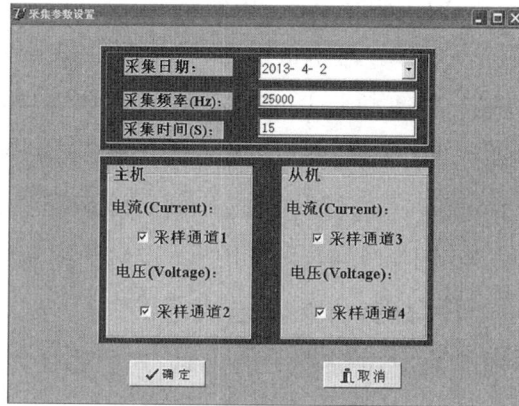

图 2-22 软件参数设置界面

所设计的电弧能量信号采集系统可以同时进行四路信号的实时采样和存储，即双丝埋弧焊的前丝电流、前丝电压、后丝电流以及后丝电压。图 2-23 所示为双丝埋弧焊接过程中采集到的后丝方波交流电流信号波形。信号采集系统所采集到的电弧电流、电压数据以纯文本文档的形式存储到上位机中，供后续分析用。

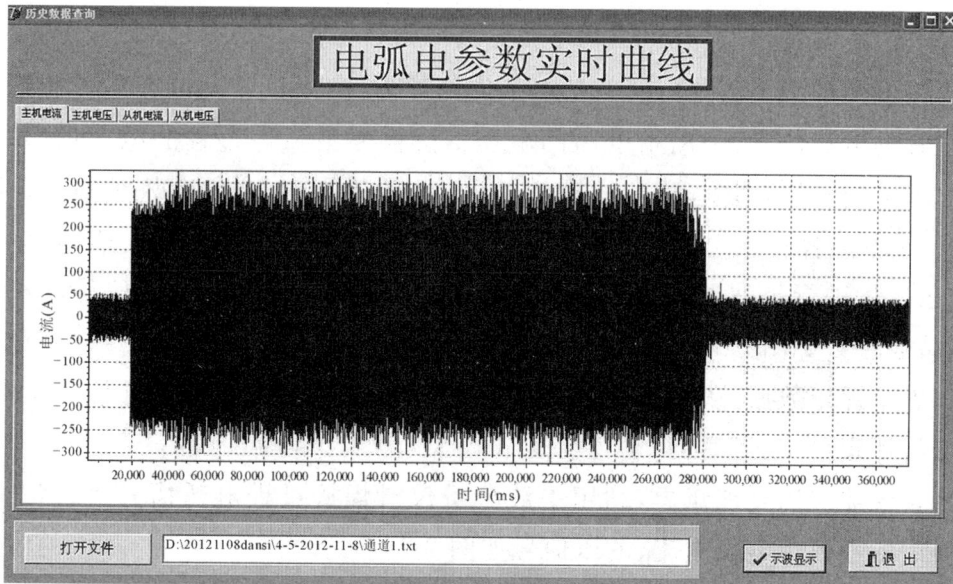

图 2-23 后丝方波交流电流信号波形

2.4.2 焊接电弧动态小波分析仪

应用 PCI 数据采集与 VC 编程技术,华南理工大学广东华欧焊接工程研究中心研制了一种新型的焊接电弧动态小波分析仪系统。该焊接电弧动态小波分析仪主要由台湾研华工控机、高速数据采集卡、电压采集接口电路、LEM 电流传感器组成,其硬件结构原理如图 2-24 所示。所采集的信号均是通过带屏蔽的同轴电缆传输,可有效地防止信号传送过程的电磁干扰,保证所采集数据的可靠性。其中研华工控机的配置如下:PIV 1.8GHzCPU,512MB 内存,60GB 硬盘。电流传感器为有源霍尔效应电流传感器,可测量电流范围大(0~1000A),与电缆无直接的电气联系,减小了焊接电流对微机系统的干扰。

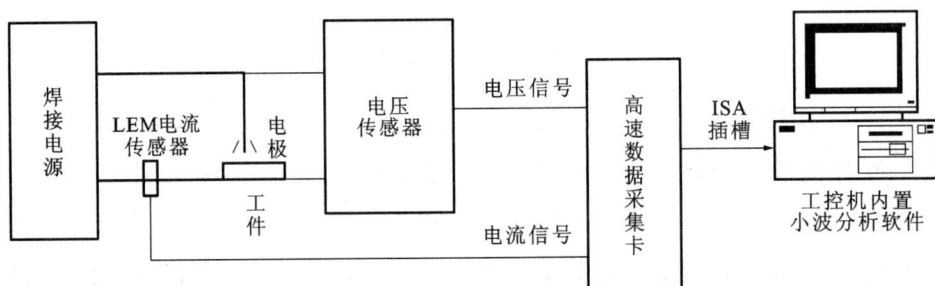

图 2-24 焊接电弧动态小波分析仪硬件结构原理图

焊接电弧动态小波分析仪的基本工作原理为:利用精度高的霍尔传感器采集弧焊过程的电流信号,利用精度高的电压传感器采集弧焊过程的电压信号;将传感器采集的模拟信号利用高分辨率的 A/D 转换器件转换成数字量;在 Windows9.x/2000 操作系统下,利用 Visual C++6.0 编程语言,先将 PC 机中的电流、电压信号进行小波滤波,消除高频干扰,获取精确的电流电压信号的细节特征,然后通过 U-I 图分析、统计分析、输入能量分析和动态电阻分析,得到简单明了的图表及评定数据,从而对焊接电弧动态过程或焊接电源稳定性做出全面、准确的分析评定[31]。

将该仪器应用到埋弧焊,利用小波分析仪对焊接过程电弧信号进行记录,小波变换后的埋弧焊电弧电流、电压信号如图 2-25 所示。

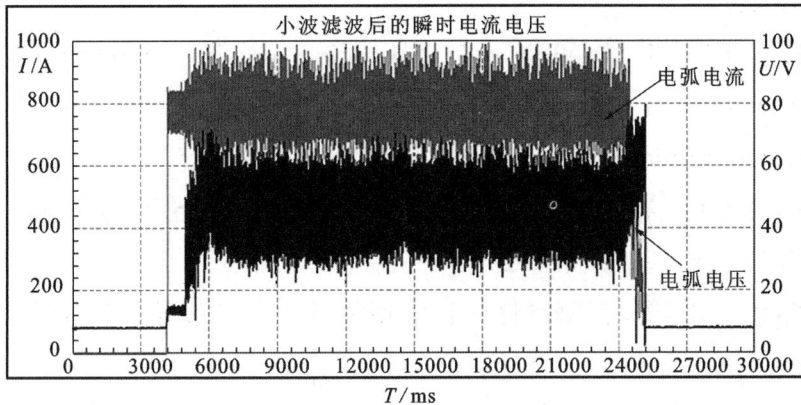

图 2-25　电弧电流与电压的信号

参 考 文 献

[1] 杨燕. 焊接过程实时监测与质量分析系统[D]. 南京:南京理工大学,2006.

[2] 王其隆. 弧焊过程质量实时传感与控制[M]. 北京:机械工业出版社,2002.

[3] 潘际安. 现代弧焊控制[M]. 北京:机械工业出版社,2000.

[4] NAGARAJAN S,CHIN B A. Infrared image analysis for on-line monitoring of arc misalignment in gas tungsten arc welding proeesses[J]. NDT & E international,1996,12:399.

[5] KANAGAWA M N. Method and apparatus having transversely offset eddy current sensors for defecting in elongated metal strip joined by way of welding[J]. NDT & E International,1997,7:177.

[6] AGAPIOU G,KASIOURAS C,SERAFETINIDES A A. A detailed analysis of the MIG spectrum for the development of laser-based seam tracking sensors[J]. Optics & laser technology,1999,3:157-161.

[7] STEINDL R,HUASLEITNER C,POHL A,et al. Passive wirelessly requestable sensors for magnetic field measurements[J]. Sensors and actuators A:Physical,2000,8:169-174.

[8] ERNST H,MULLER E,KAYSSER W A. Themral stability of laser welded thermocouple contacts to Si for high temperature thermal sensor application[J]. Microelectronics reliability,2000(8-10):1683-1688.

[9] 蔡艳,吴毅雄. 虚拟仪器在 CO_2 弧焊品质分析仪中的作用[J]. 电焊机,2002,

32(12):5-7.

[10] BAE K Y,LEE T H,AHN K C. An optical sensing system for seam track-ing and weld pool control in gas metal arc welding of steel pipe[J]. Journal of materials proeessing technology,2002(1):458-465.

[11] 王克鸿,汤新臣,刘永,等.射流过渡熔池视觉检测与轮廓提取[J].焊接学报,2004,25(2):66- 71.

[12] 王克鸿,汤新臣,等.富氩气体保护焊熔池视觉信息传感试验研究[J].机械工程学报,2004,40(6):161-164,178.

[13] CAO Z J,CHEN H D,XUE J ,et al. Evaluation of mechanical quality of field-assisted diffusion bonding by ultrasonic nondestructive method[J]. Sensors and actuators A:Physical,2005(1):44-48.

[14] 璩克旺,陶生桂.开关电源的隔离技术[J].通信电源技术,2003,8:17-19.

[15] 韦寿祺,黄知超.电子束焊机中线性光电隔离装置的设计[J].电焊机,2003,33(3):22-23.

[16] 陈艳峰,丘水生.实用线性光电隔离放大电路分析研究[J].电子技术应用,1999(7):9-11.

[17] 赵庆明.线性光电隔离放大电路的设计[J].电测与仪表,1999,36(12):26-27.

[18] 黄石生.弧焊电源及其数字化控制[M].北京:机械工业出版社,2007.

[19] LI Q,LI X J,HE KF,et al. Digital monitoring and control system based on ethernet for twin-arc high speed submerged arc welding[J]. Lecture motes in electrical engineering,2011,138(1):517-526.

[20] 尹勇,李宇.PCI 总线设备开发宝典[M].北京:北京航空航天大学出版社,2005.

[21] 薛林.高速 PCI 数据采集卡的设计与实现[D].南京:南京理工大学,2006.

[22] 陈昕光,许勇.以太网应用于工业控制系统的实时性研究[J].自动化仪表,2005,26(8):10-13.

[23] 韩超,王可人.基于 DM9000 的嵌入式系统的网络接口设计与实现[J].工业控制计算机,2007,20(4):17-18.

[24] 赛奎春.Visual C＋＋工程应用与项目实践[M].北京:机械工业出版社,2005.

[25] 石玗,刘啸天,郑东辉,等.基于 VC++的焊接多信息同步采集系统[J].电焊机,2009,39(12):67-71.

[26] 周军发,郑伟,马建军,等.精通 Delphi[M].北京:电子工业出版社,1996.

[27] 邵华,朱丹平.虚拟仪器技术在焊接电弧-电源系统中的应用[J].焊接技术,2005,34(1):45-47.

[28] 孙勃.基于 LabVIEW 的 GMAW 焊接过程分析评价系统的研制[D].天津:天津大学,2008.

[29] HE K F,ZHANG Z J,CHEN J,et al. Ethernet solutions for communication of twin-arc high speed submerged arc welding equipments[J]. Journal of computers,2012,7(12):3052-3059.

[30] 何宽芳,黎祺,陈俊,等.双电弧埋弧焊电弧电信号测量系统[P].中国:ZL201120529266.7,2012.10.

[31] 薛家祥,易志平,方平,等.焊接过程电信号虚拟分析仪的研究[J].机械工程学报,2004,40(2):60-63.

3　埋弧焊电弧电信号短时傅里叶分析

　　传统的信号分析是建立在傅里叶(Fourier)变换的基础上的,傅里叶变换是一种全局变换,其表达式要么是时域的,要么是频域的,只适合平稳信号的处理,只能给出信号总的平均效果,无法表达信号的时域或频域局部特性,而时域或频域的局部特性恰恰是非平稳信号最关键的特性,如电弧电信号就是典型的非平稳信号。为了分析和处理非平稳信号,各国的学者相继提出了各种新的信号分析理论,如短时傅里叶变换(STFT)、Gabor 变换、小波变换、Randon-Wigner变换、分数阶傅里叶变换等。其中短时傅里叶变换是在传统傅里叶变换缺乏时频定位功能的情况下产生的。STFT 明确表现了频谱随时间的演变关系,既刻画了信号的局部性又保留了信号的全部信息,有效得到了信号在时域和频域中的全貌和局部化结果,是最早和最常用的一种时频分析方法。STFT 为线性变换,对于许多实际的测试信号,能给出与人的直观感知相符的时频构造,且不会出现交叉项,具有明确的物理意义[1]。特别对由高频突发分量和长周期准平稳分量表示的信号,STFT 能给出满意的时频分析结果,是一种实用的特征提取方法[2]。在时频窗面积最小的情况下,Gabor 变换是最优的窗口傅里叶变换,Gabor 变换所固有的局部化特性,与瞬时信号的非对称性及突变特性相适应,能较好地刻画信号中的瞬态结构。尤其对于由高频突发分量和长周期准平稳分量表示的信号,Gabor 变换可有效提高信号的可分离性,检测未知波形的暂态和到达时间,并直观地描述这种信号的频率[3]。焊接过程电弧电信号是一种非平稳时变信号,因此,可利用 STFT 和 Gabor 变换提取和表征焊接过程电弧稳定性和焊接质量的特征信息[4]。

3.1 傅里叶变换在焊接电弧电信号分析的局限性

对于一个信号 $x(t)$,可以用多种方法来表示它,如采用函数表达式、数据序列或者一个图表等,但是这些都是以自变量为时间的表达方法,我们称之为时域表达法。以傅里叶变换为基础,可以将时域信号 $x(t)$ 变换到频域,得到频域中的信号 $X(\omega)$,由 $X(\omega)$ 可以得到 $x(t)$ 的能量谱或功率谱,这些都属于信号的频域表示法。在信号处理技术中,时间和频率是两个最基本的物理量,早在 1822 年,傅里叶就提出了非周期信号的分解概念,也就是傅里叶变换,对于给定信号 $x(t)$,如果它满足能量有限条件:

$$\int_{-\infty}^{\infty} |x(t)|^2 dt < \infty \tag{3-1}$$

则信号 $x(t)$ 的傅里叶变换(FT)如下:

$$X(\omega) = \int_{-\infty}^{\infty} x(t)e^{-j\omega t} dt \tag{3-2}$$

$X(\omega)$ 是信号 $x(t)$ 的频谱密度函数,或称 FT 频谱,频谱密度函数 $X(\omega)$ 的逆傅里叶变换(Inverse FT,IFT)为

$$x(t) = \frac{1}{2\pi}\int_{-\infty}^{\infty} X(\omega)e^{j\omega t} d\omega \tag{3-3}$$

从(3-2)、(3-3)两式可以看出,傅里叶变换将信号的时间和频率联系了起来,即由信号的时域表达式 $x(t)$ 可以得到频率表达式 $X(\omega)$,反之亦然。因此,通过傅里叶变换,将比较抽象的频率概念变得具体化了,通过(3-2)式,就可以知道信号 $x(t)$ 在某特定频率处的分量。

基于傅里叶(Fourier)变换的信号频域表示,揭示了时间函数和频谱函数之间的内在联系,在传统的平稳信号分析和处理中发挥了极其重要的作用,很多理论研究和应用研究都把傅里叶变换当作最基本的经典工具来使用。但是傅里叶变换在非平稳信号分析和处理方面存在不足:

(1) 傅里叶变换缺乏时间和频率的定位功能

Fourier 变换和反 Fourier 变换属于整体或全局变换,即只能从整体信号的时域表示得到其频谱,或者只能从整体信号的频域表示得到信号的时域表示。由式(3-2)可知,对给定的某一个频率 ω_0,要求得该频率处的傅里叶变换 $X(\omega_0)$,

式(3-2)的积分需要从 $-\infty$ 到 $+\infty$,即需要 $x(t)$ 整个时域的"知识";反之,如果要求出某时刻 t_0 处的 $x(t_0)$,由式(3-3)式可知,需要将 $X(\omega)$ 对 ω 从 $-\infty$ 到 $+\infty$ 求积分,同样也需要 $X(\omega)$ 整个频域的"知识"。实际上,由式(3-2)得出的傅里叶变换 $X(\omega)$ 是信号 $x(t)$ 在整个积分空间的时间范围内所具有的频率特征的平均值。也就是说频谱 $X(\omega)$ 的任一频点值都是由时间过程 $x(t)$ 在整个时域 $(-\infty,\infty)$ 上的贡献所决定的;反之,过程 $x(t)$ 在某一时刻的状态也是由其频谱 $X(\omega)$ 在整个频域 $(-\infty,\infty)$ 上的贡献所决定的。也就是说,$x(t)$ 在任何时刻的微小变化都会牵动整个频谱,而任何有限频段上的信息都不足以确定任意小时间范围内的过程 $x(t)$。Fourier 变换建立的只是一个域到另一个域的桥梁,并没有把时域和频域组合在一起,所以频谱 $X(\omega)$ 只是显示了信号 $x(t)$ 中各频率分量的振幅和相位,而无法表现信号各频率分量随时间变换的关系。因此,傅里叶变换不具有时间和频率的定位功能[5]。

(2) 傅里叶变换对于非平稳信号的局限性

信号的瞬时频率,表示了信号的谱峰在时间-频率平面上的位置及其随时间的变化情况,一般平稳信号的瞬时频率为常数,而非平稳信号的瞬时频率是时间 t 的函数。从傅里叶变换的表达式可以看出,$X(\omega)$ 是单变量 ω 的函数,信号的傅里叶变换不随时间的变化而变化,因此,傅里叶变换仅仅适用于平稳信号。但是,在实际工作中,我们分析和处理的往往是时变的或非平稳的信号,它们的频率随时间变化而变化,其相关函数、功率谱等也是时变信号,用傅里叶变换进行分析,得到的信号频谱反映的是整体信号中包含的某一频率分量的平均值。所以傅里叶变换不能反映信号瞬时频率随时间的变化情况,仅仅适用于分析平稳信号。对频率随时间变化的非平稳信号,傅里叶变换只能给出其总体效果,不能完整地把握信号在某一时刻的本质特征。

(3) 傅里叶变换在时间和频率分辨率上的局限性

分辨率是信号处理的基本概念之一,包括频率分辨率和时间分辨率。在时域分析中,信号处理的目的是尽可能地同时获得高的频率分辨率和时间分辨率。分辨率的含义是在信号变换过程中,对信号能够做出辨别的最小时域或最小频域的间隔。频率分辨率是通过一个频域的窗函数来观察所看到的频率的宽度,时间分辨率是通过一个时域的窗函数来观察信号时所看到的时间宽度,这样的窗函数越窄,对应的分辨率就越高。显然,在对信号进行处理时,我们希望既能够得到好的时间分辨率,又能够得到好的频率分辨率。然而,由不定原理可知,时间分辨率和频率分辨率不可能同时达到最好,不定原理是信号处理的基本原理,不可违背。实际应用中,常根据信号的特点,在时间分辨率和频率分辨率之间进行适当的折中,这也体现了傅里叶变换在时域分辨率和频域分辨率之间的固有矛盾。显然,傅里叶变换也无法根据信号的特点来自动地调节时域和频域的分辨率[5]。

以上概括了傅里叶变换三个方面的不足,针对这些不足,早在 1932 年 Wigner 就提出了时间-频率联合分布的概念,后来 Ville 将其引入信号处理的领域,1946 年,Gabor 提出了短时傅里叶变换和 Gabor 变换的概念,从而开始了非平稳信号的时频联合分析的研究。

3.2 短时傅里叶变换定义与算法

3.2.1 基本定义

用一个在时间上可滑移的时窗来进行傅里叶变换,从而实现在时域和频域上都具有较好局部性的分析方法,这种方法称为短时傅里叶变换。设 $h(t)$ 是中心位于 τ 且宽度有限的时窗函数,$x(t)$ 是通过 $h(t)$ 所观察到的平稳信号,加窗信号 $x(t)h^*(t-\tau)$ 的傅里叶变换即为短时傅里叶变换[6,7]。

$$STFT_x(\tau, f) = \int_{-\infty}^{+\infty} x(t)h^*(t-\tau)e^{-j2\pi ft}dt \qquad (3-4)$$

可见,STFT 是将信号 $x(t)$ 映射到时频平面 (τ, f) 上的二维函数。随着 τ 的变化,$h(t)$ 所确定的时间窗在 t 轴上滑移,对信号进行分段截取,将其化为若干段局部平稳信号,在对它们分别取傅里叶变换后,得到一组信号的"局部"频谱,从不同时刻"局部"频谱的差异上,便可看到信号的时变特征。$STFT_x(\tau, f)$ 反映了 $x(t)$ 在时刻 τ 的频率为 f 的信号成分的相对含量[8-10]。

3.2.2 Gabor 变换

Gabor 采用 Gauss 函数 $g_a(t)$[式(3-5)]作为分析窗函数,因此用 Gauss 函数作为窗函数的短时 Fourier 变换,也称 Gabor 变换 $G_x(\omega, \tau)$。Gauss 函数是紧支撑

函数,它的 Fourier 变换也是 Gauss 函数 $\hat{g}_a(\omega)$[式(3-6)],从而保证了 Gabor 变换在时域和频域都具有局域化功能,即

$$g_a(t) = \frac{1}{2\sqrt{\pi a}} e^{-t^2/4a} \qquad (3-5)$$

$$\hat{g}_a(\omega) = e^{-a\omega^2} \qquad (3-6)$$

对于函数 $f(t) = L^2(R)$,其 Gabor 变换定义为

$$G_f(b,\omega) = \int_{-\infty}^{+\infty} f(t) g_a(t-b) \cdot e^{-i\omega x} dx \qquad (3-7)$$

其中式(3-5)是 Gauss 函数,$a > 0$,是固定常数,这个函数被称为"窗口函数",即

$$\int_{-\infty}^{+\infty} g_a(t-b) db = 1 \qquad (3-8)$$

所以

$$\int_{-\infty}^{+\infty} G_f(b,\omega) db = F(\omega), \omega \in \mathbf{R} \qquad (3-9)$$

这说明,信号 $f(t)$ 的 Gabor 变换 $G_f(b,\omega)$ 对任何 $a > 0$ 在时间 $t = b$ 的附近使信号 $f(t)$ 的傅里叶变换局部化了,对 $\forall \omega \in \mathbf{R}$,这种局部化完成得如此之好,以至于达到了对 $F(\omega)$ 的精确分解,从而完整地给出了 $f(t)$ 的频谱的局部信息,这充分体现了 Gabor 变换在时域的局部化思想[2]。

3.3　短时傅里叶变换的时频分辨率

当给定了时窗函数 $h(t)$ 和它的傅里叶变换 $H(f)$ 时,则带宽 V_f 为

$$V_f^2 = \frac{\int f^2 |H(f)|^2 df}{\int |H(f)|^2 df} \qquad (3-10)$$

这里分母是信号 $h(t)$ 的能量。如果两个正弦波之间的频率间隔大于 V_f,那么这两个正弦波就能够被区分开。可见 STFT 的频率分辨率就是 V_f。同理可得时域中的分辨率 V_t 为

$$V_t^2 = \frac{\int t^2 |h(t)|^2 dt}{\int |h(t)|^2 dt} \qquad (3-11)$$

这里分母是信号 $h(t)$ 的能量。如果两个脉冲的时间间隔大于 V_t，那么这两个脉冲就能够被区分开，可见 STFT 的时间分辨率就是 V_t。

然而，时间分辨率 V_t 和频率分辨率 V_f 不可能同时任意小，根据 Heisenberg 不确定性原理，时间和频率分辨率的乘积受到以下限制

$$V_t \times V_f \geqslant \frac{1}{4\pi} \tag{3-12}$$

由于高斯窗函数的傅里叶变换仍然是高斯函数，因此，最优时间局部化的窗函数是高斯函数。式(3-12)中，当且仅当采用高斯窗函数，等式成立。式(3-12)表明，要提高时间分辨率，只能降低频率分辨率；反之亦然。因此，时间与频率的最高分辨率是受到 Heisenberg 不确定性原理的制约的，这一点在实际应用中应当注意[1,2]。

通过上面的分析可知，当用短时 Fourier 变换分析焊接电弧电信号时，如果想对高频分量分析取得很好的时域分辨率，就必须选择宽带的短时窗；如果想对低频分量分析取得很好的频域分辨率，就必须选择窄带的宽时窗，但无法同时达到这两个目的。而实际的信号过程是很复杂的，无论是单一的还是多分量的信号，为了提取高频分量或速变成分的信息，时域窗口应尽量窄，而同时容许频域窗口适当放宽，因为更高频率分量即使有较大的绝对频率误差，仍可以使相应的相对误差保持不变；对于慢变信号或低频成分，频域窗口就应当尽量缩小，保证有较高的频率分辨率，以保证频率的相对误差满足提取信息的基本需要。简而言之，实际的信号的分析需要时频窗口具有自适应性，它可按上面的情形自动改变时域窗口和频域窗口的大小，高频时频窗宽，时窗窄；低频时则频窗窄，时窗宽。这么一个自适应窗口的相空间特性可用图 3-1 表示。

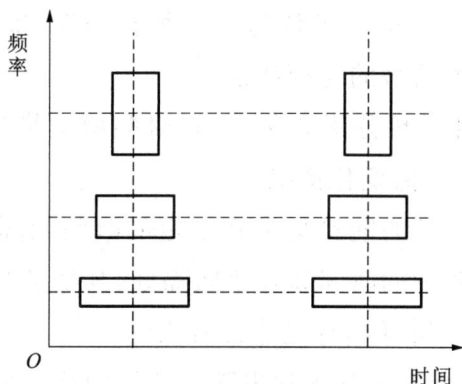

图 3-1　自适应窗的相空间表示

3.4　窗函数和窗长选择

窗函数的选择对 STFT 的结果起着重要的作用。高斯窗、凯塞窗、三角窗、海明窗、矩形窗、汉宁窗是几种常用的且具代表性的窗函数,实际应用时需要针对不同的信号和不同的处理目的来确定窗函数的选择。

窗长的选择同样非常重要,既要使用尽可能窄的窗口来保证信号的局部平稳性,又要选用较宽的窗口来提高频率分辨率。STFT 的分辨率是联合分辨率,单一的频率或时间分辨率没有意义。一般通过理论计算或试验选取合适的窗长,以获取时间和频率分辨率的折中效果。以高斯窗为例来研究如何选取合适的窗长,根据埋弧焊电弧电信号的特殊性,窗长应该不大于最小的时间间隔所对应的点;频率越高,要求的时间分辨率越高,分析时间段越短,为防止频率成分泄漏,窗长应该不小于最长分析时间段所对应的点。

3.5　埋弧焊电弧电信号的 STFT 分析

3.5.1　STFT 分布的实现

利用 STFT 提取埋弧焊电弧电信号的特征主要有以下几方面的优势:

(1)实测埋弧焊电弧电信号可认为是一种长周期、准平稳分量表示的信号,STFT 能准确地描述此类信号的时频特征。

(2)STFT 属于线性时频分析方法,能在时频面上描述埋弧焊电弧电信号随时间平移时信号的频率、幅值变化情况。

(3)埋弧焊电弧电信号的能量集中在一定的时间间隔和一定的频率间隔内,STFT 对于信号中能量较少的时间和频率间隔处,其变换结果则接近于零,这对提取埋弧焊电弧电信号中的特征信息是非常有用的。

可知,STFT 能直观地描述埋弧焊电弧电信号中能量分布强度、在时频面上的分布及频率构成等,从而为焊接过程电弧稳定性、焊接质量提供准确的信息。

　　虽然 STFT 具有计算量小、抗噪特性强、稳健性能好且不存在交叉项干扰等优点,但是 STFT 对所有频率都使用单一时频窗,不符合实际问题中变换窗口大小应随频率而变的要求,即高的时间分辨率要求分析窗尽量窄,高的频率分辨率则要求分析窗尽量宽。因此,只用一个固定窗分析多尺度信号是 STFT 的致命缺陷,要充分发挥 STFT 在 AE 信号特征提取中的优势,首先必须解决好这个矛盾。

　　埋弧焊电弧电信号的特点及其特征提取都非常鲜明,选择了合适的窗函数及其窗长,STFT 完全可以正确反映埋弧焊电弧电信号的时频特征,能够有效克服STFT 时频窗口大小和形状固定不变在信号分析中的不足。

　　运用 Matlab 软件提供的时频分析工具,编写计算程序,计算与绘出 STFT 分布的时频图,在得到信号的 STFT 分布后,就可以对信号的能量时频分布进行分析。基于 Matlab 的 STFT 计算程序流程如图 3-2 所示[11,12]。

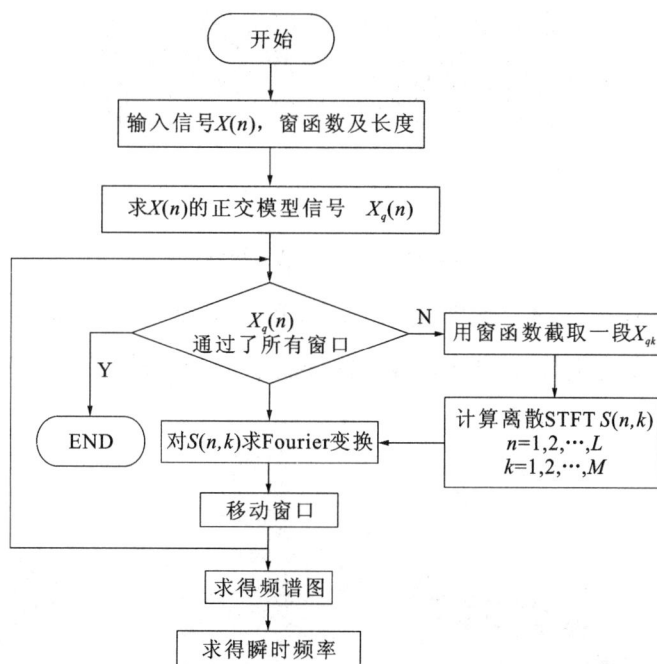

图 3-2　STFT 计算程序流程

3.5.2　窗函数选择分析

　　图 3-3 为一组实验得到的交流方波埋弧焊电流信号 $x(t)$,具体焊接规范参数

及试验现象如表 3-1 所示,从图 3-3 中可以看出,电流波形为 50Hz 的正负交替不规则方波,在每个波形波峰、波谷附有其他频率成分的干扰信号,波形正负过渡即零点过渡波形存在冲击。采样频率为 2kHz,每个焊接过程采样 20s,从中截取 1.25s 即 2500 个数据点来进行计算与分析。

表 3-1　焊接规范参数及试验现象

实验序号	电流/A	电压/V	焊接速度/(m/min)	频率/Hz	占空比	焊接情况
1	500	36	0.6	50	0.5	无短路、断弧,过程稳定、焊接成形好

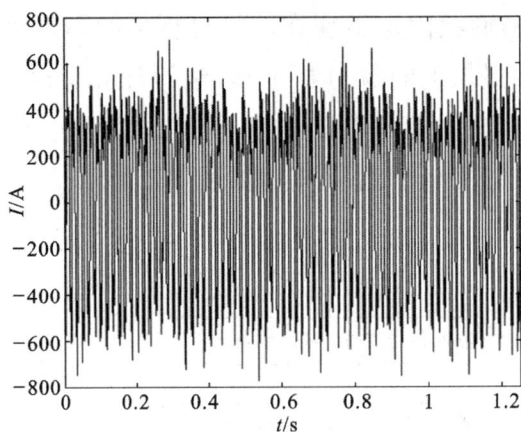

图 3-3　采集的交流方波埋弧焊电流信号 $x(t)$

高斯窗、凯塞窗、三角窗、海明窗、矩形窗和汉宁窗是几种常用的且具代表性的窗函数,分别将其作为电流信号 STFT 的窗函数,窗长均取 75 点,其计算结果 STFT 图分别如图 3-4～图 3-9 所示。

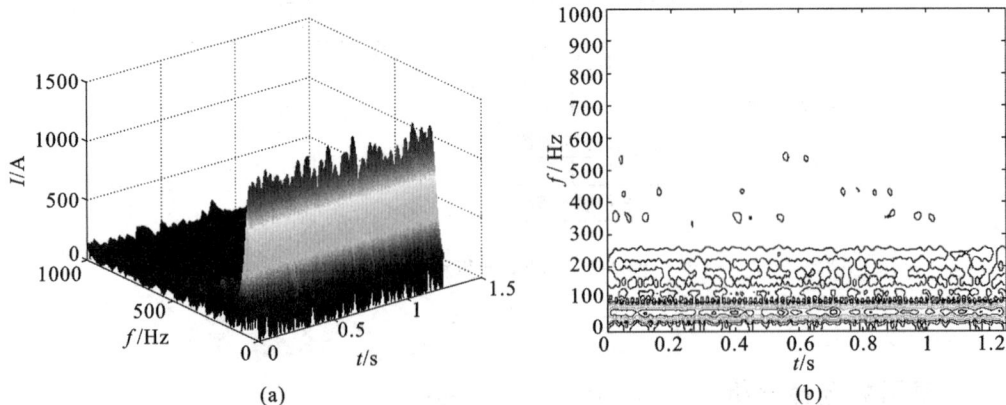

(a)

(b)

图 3-4　用高斯窗的 STFT

(a)三维谱图;(b)时频分布图

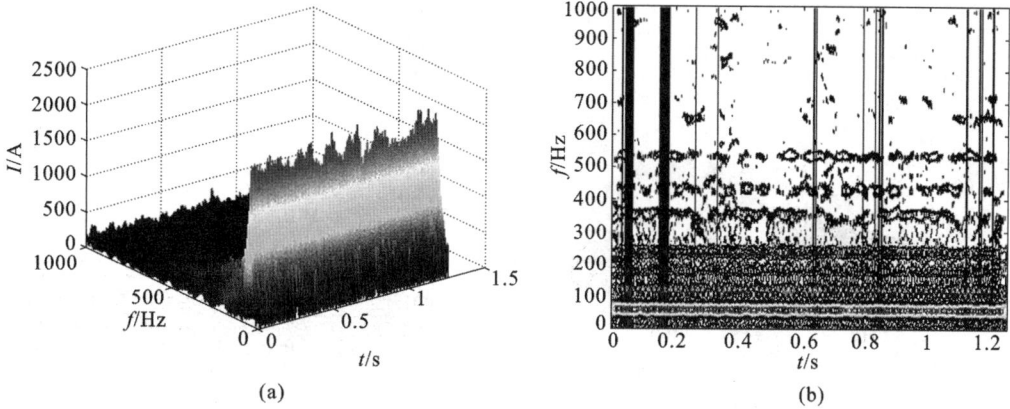

(a)

(b)

图 3-5 用凯塞窗的 STFT

(a)三维谱图;(b)时频分布图

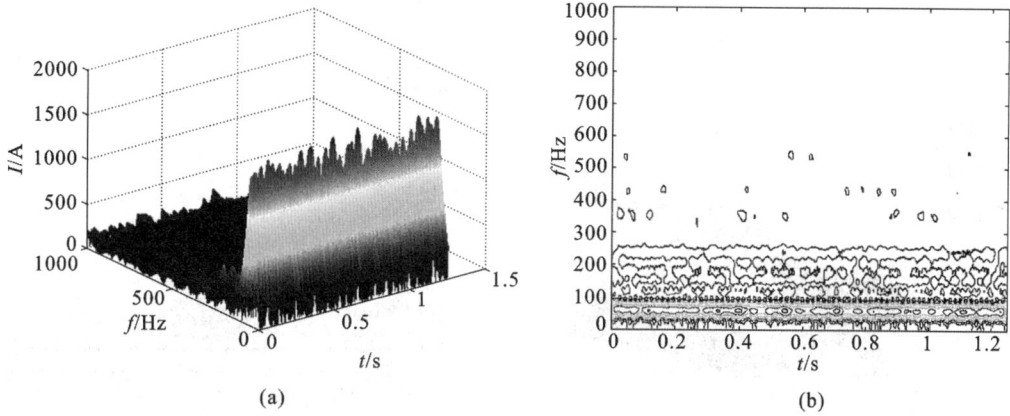

(a)

(b)

图 3-6 用三角窗的 STFT

(a)三维谱图;(b)时频分布图

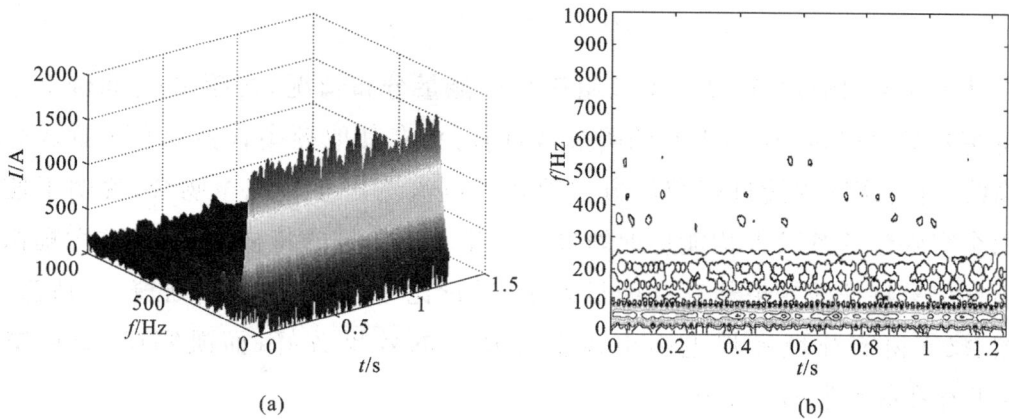

(a)

(b)

图 3-7 用海明窗的 STFT

(a)三维谱图;(b)时频分布图

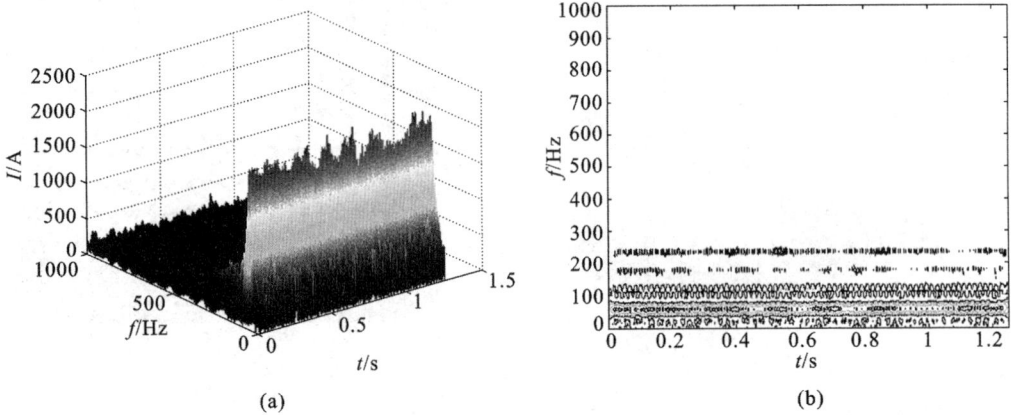

(a)   (b)

图 3-8 用矩形窗的 STFT

(a)三维谱图；(b)时频分布图

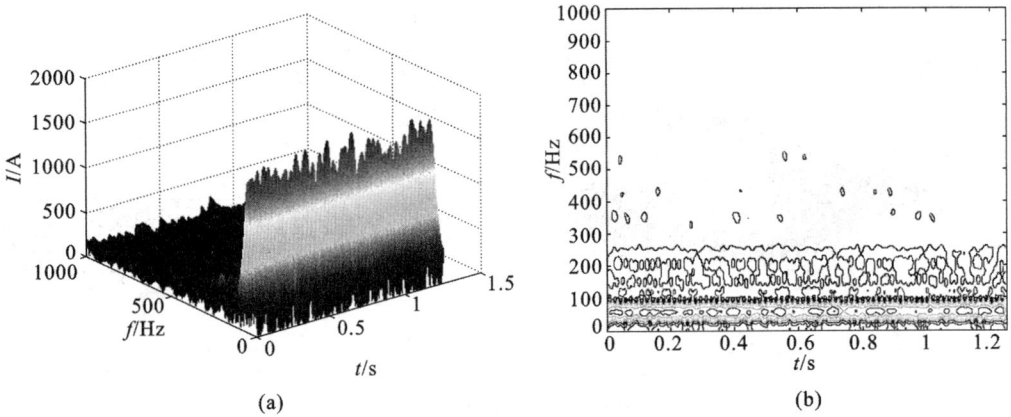

(a)   (b)

图 3-9 用汉宁窗的 STFT

(a)三维谱图；(b)时频分布图

从图 3-4～图 3-9 均显示了该组信号的能量分布情况，在频率-时间轴上主体能量主要集中在 50 Hz 为中心的等高线，同时夹有其他频率含突变和干扰成分的等高线，且与实际焊接过程交流方波埋弧焊电流输出参数完全吻合，说明了使用这六个窗函数的 STFT 均能提取埋弧焊电弧电流信号的特征。然而，这六幅仿真图表征信号特征的效果却存在明显差别，通过比较可以看出，高斯窗、三角窗、海明窗、汉宁窗表征埋弧焊电弧电流信号特征的效果较好，而凯塞窗、矩形窗的 STFT 存在频率泄露和干扰。

图 3-10～图 3-12 为窗长为 65、85、95 点时高斯窗的 STFT 三维谱图和时频分布图。

(a)

(b)

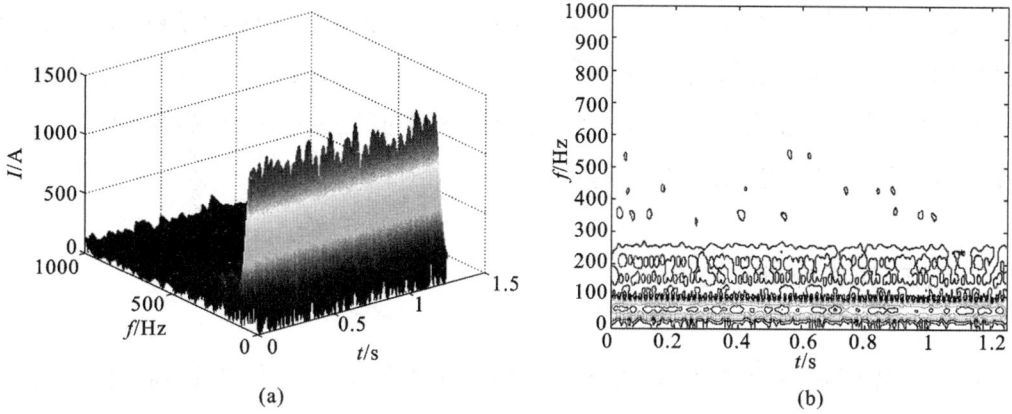

图 3-10 窗长为 65 点时高斯窗的 STFT

(a)三维谱图;(b)时频分布图

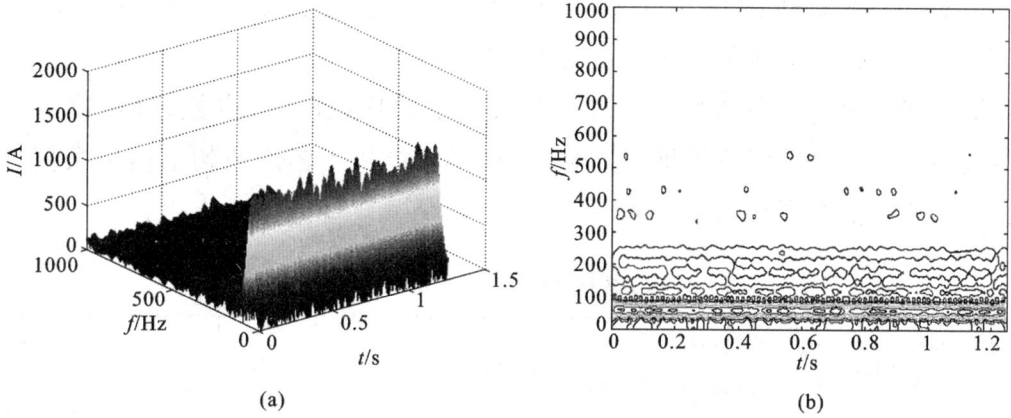

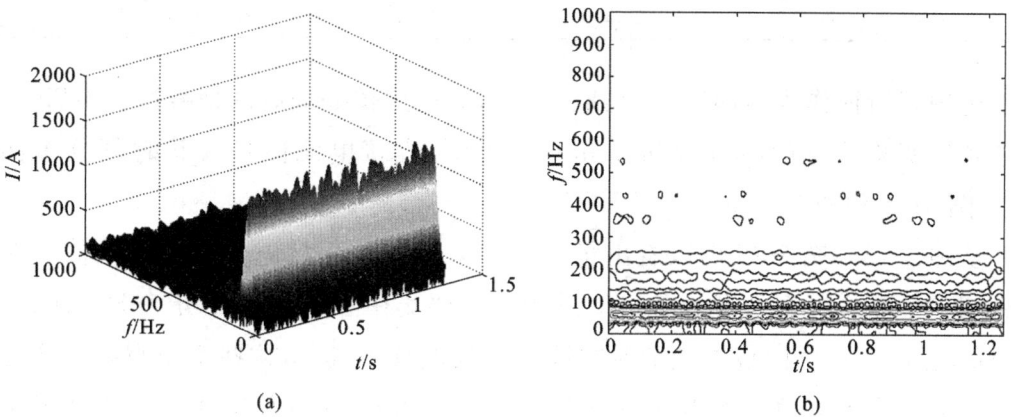

(a)

(b)

图 3-11 窗长为 85 点时高斯窗的 STFT

(a)三维谱图;(b)时频分布图

(a)

(b)

图 3-12 窗长为 95 点时高斯窗的 STFT

(a)三维谱图;(b)时频分布图

从图 3-10～图 3-12 可知,随着窗长的增加,时间分辨率越来越低而频率分辨率越来越高。综合上述研究可知,STFT 能够有效提取交流方波埋弧焊电流信号的特征,STFT 窗长的可选范围是有限制的,具体值应根据信号的预处理情况、电流波形占空比及频率组成等综合选定。

3.5.3 试验结果分析

交流方波埋弧焊电弧电流、电压信号的测量分别由霍尔传感器、以太网数据采集器、工控机等部分组成,见第 2 章的具体介绍。分别改变焊接参数,将焊接过程采集到的电弧电压和焊接电流信号通过网线传输到工控机显示、保存,并借助于 Matlab 对采集到的信号进行分析、处理。交流方波埋弧焊接试验采用 MZE1000 交流方波埋弧焊机,工件材料为低碳钢,板厚 20mm,焊丝牌号为 H08A,直径 4.0mm,焊剂为 HJ431。在给定不同焊接电压、电流、焊接速度等工艺参数的条件下进行埋弧焊堆焊试验,采集相应焊接工艺参数的电信号数据。焊接试验工艺参数及焊接结果如表 3-2 所示。

表 3-2 焊接试验工艺参数及焊接结果

实验序号	电流/A	电压/V	焊接速度/(m/min)	频率/Hz	占空比	焊接情况
1	500	36	0.8	50	0.5	有断弧,过程不稳定,焊缝成形差
2	500	40	0.6	20	0.3	无短路、断弧,过程稳定,焊接成形好
3	500	36	0.6	200	0.5	无短路、断弧,过程稳定,焊接成形好

选用高斯窗作为窗函数,窗长取 75 点,对经过预处理后的信号进行 STFT,得到了各组实验信号的时频分布图和三维谱图,焊接电流信号及其时频分布如图 3-13、图 3-14 和图 3-15 所示。

从图 3-13～图 3-15 可以看出每组实验采集到的焊接电流信号的幅值在时间和频率上的联合分布情况。各组信号能量主要集中在主频率成分 50Hz、20Hz 或 200Hz,还存在一些围绕主频随时间波动的其他频率成分,这些不规则频率成分是焊接电源本身实际输出的电流波形发生畸变的部分,而且伴随主频电流波形呈随机分布。电流波形发生畸变的频率成分多少和范围的大小直接影响电弧能量分布情况,进而影响焊缝成形。

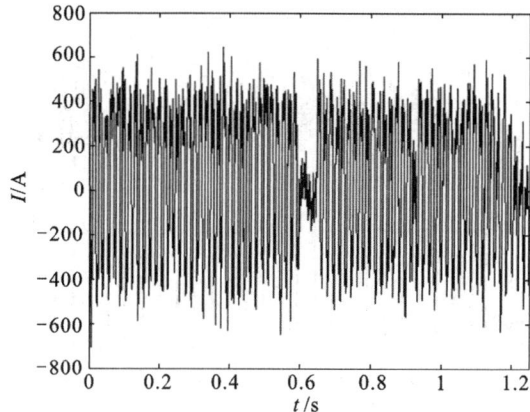

(a)

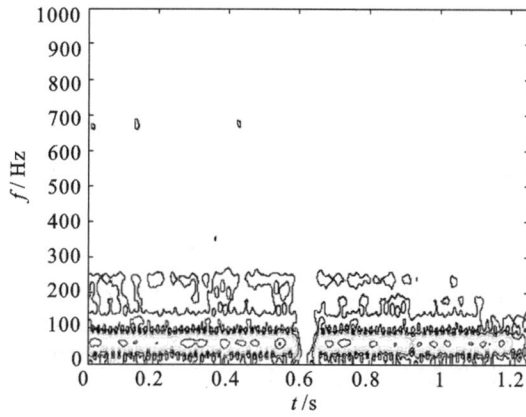

(b)

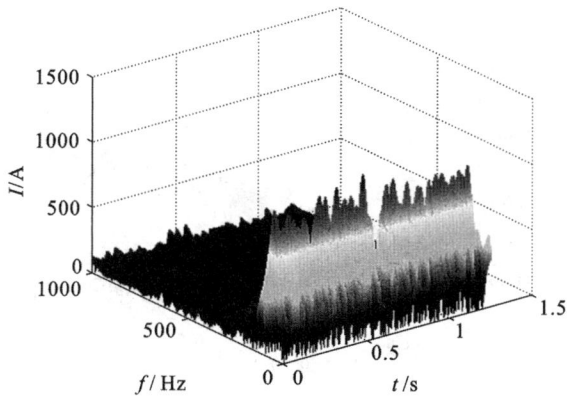

(c)

图 3-13 试验序号为 1 的电流波形及 STFT 分布

（a）电流信号；（b）时频分布图；（c）三维谱图

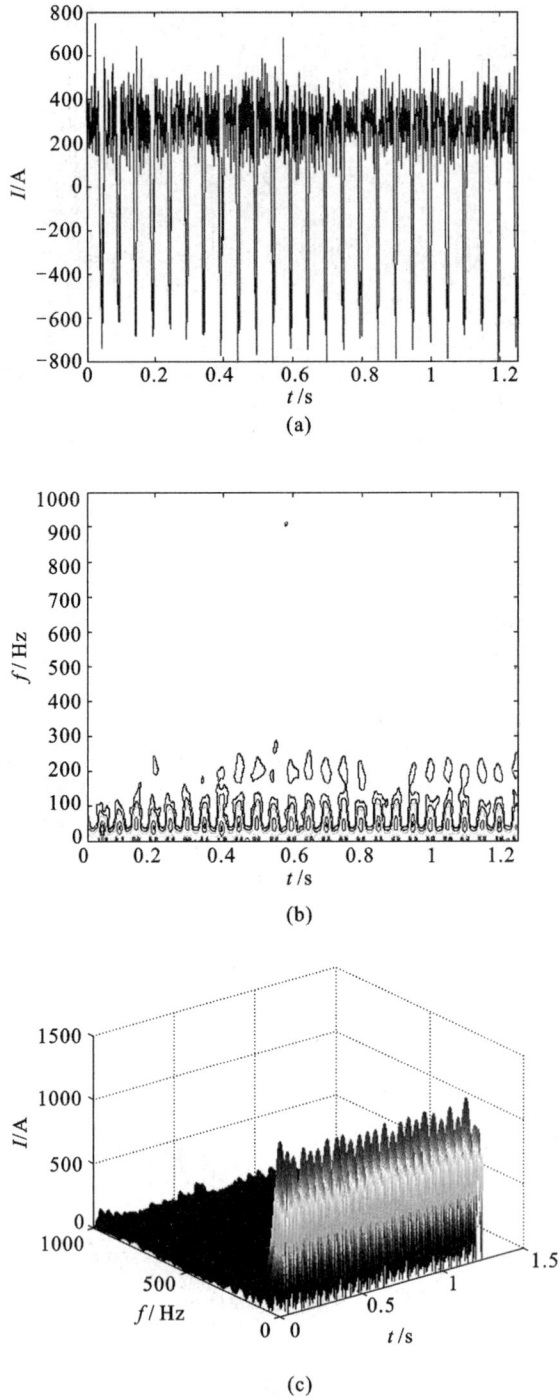

图 3-14　试验序号为 2 的电流波形及 STFT 分布

(a)电流信号;(b)时频分布图;(c) 三维谱图

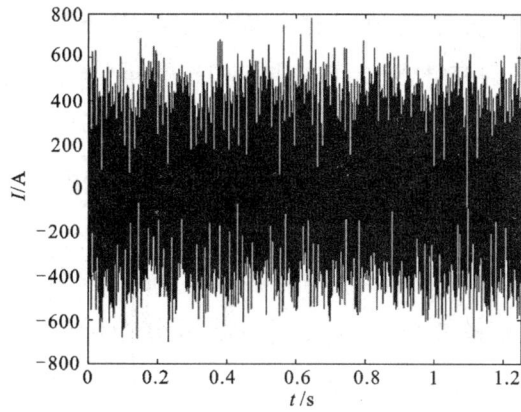

(a)

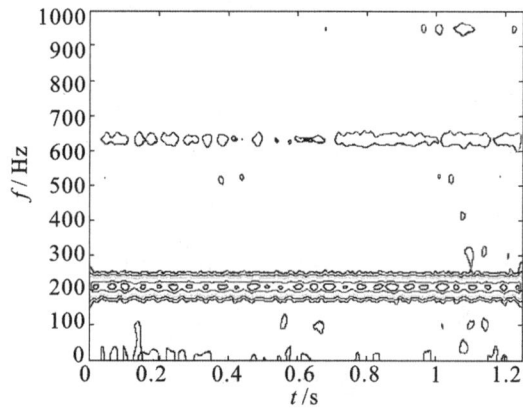

(b)

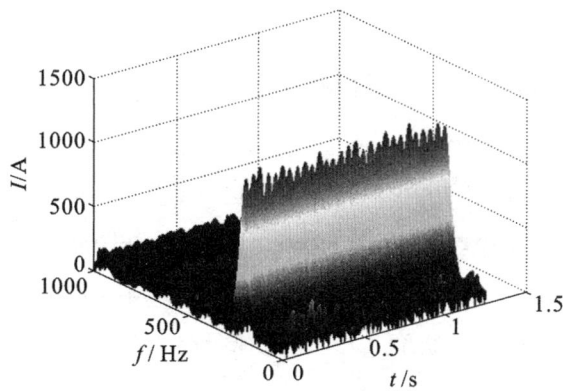

(c)

图 3-15　试验序号为 3 的电流波形及 STFT 分布

(a)电流信号；(b)时频分布图；(c)三维谱图

从图 3-14 和图 3-15 可以看出,无异常情况发生,电弧稳定燃烧,计算的电弧能量的时间和频率等高线分布呈规则的交替变化。由于某种因素,其一时刻发生瞬时断弧,电流波形和计算的时频分布如图 3-13 所示,电弧能量骤然降低,此为焊接过程中的异常现象,干扰了燃弧过程的稳定进行及其能量的变化规律,此时的电弧能量分布不规则,断弧结束后,电弧继续稳定燃烧,电弧能量的时间和频率等高线分布重新趋于规则状态。

从图 3-13～图 3-15 可以看出,电流信号幅值随频率分布基本没有多少区别,但是三组信号的时频分布的不同主要表现在能量分布随时间的变化,从三组时频分布可以看出,电弧能量随着时间变化是不同的。随着频率的增加,单位时间上能量交替变换频繁,能量分布相对集中。同时,随着电流波形频率增大,相同窗函数和窗长,计算得到的 STFT 时频分布相对频率分辨率方面相应提高了,而时间分辨率降低了,要提高相应的时间分辨率,需要减小窗函数长度。

对不同工况条件下拾取的电弧电流信号进行了 STFT 分析,说明 STFT 用于埋弧焊电弧能量特征分析是一种非常直观、有效、实用的时频分析方法。不同的窗函数和窗长计算决定了 STFT 时频分布表征电弧能量特征的效果,实际应用 STFT 分析埋弧焊电弧能量特征时,应该考虑电弧电信号的预处理情况、电流波形占空比及频率组成等综合因素。

参 考 文 献

[1] 郑建明,李言,肖继明,等. 伸缩窗口短时 Fourier 分析[J]. 振动、测试与诊断,2000,20(4):254-258.

[2] 何正嘉,訾艳阳,孟庆风,等. 机械设备非平稳信号的故障诊断原理及应用[M]. 北京:高等教育出版社,2001.

[3] PENG Y H,YAM R,TSE P W. Wavelet analysis and envelope detection for rolling element bearing fault diagnosis—their effectiveness and flexibilities[J]. Journal of vibration and acoustics,2001,123(7):303-310.

[4] 罗怡. 应用联合时频分析研究 CO_2 焊接过程中的电信号[J]. 焊接学报,2007,28(2):75-78.

[5] 胡广书. 现代信号处理教程[M]. 北京:清华大学出版社,2004.

[6] JANSSEN A J E M. Gabor representation of generalized functions[J]. J. Math. Anal. Appl.,1981,38:377-394.

[7] ALLEN J B,RABINER L R. A unified approach to short-time Fourier analysis[J]. Proc. IEEE,1997,65(11):1558-1564.

[8] PORTNOF M R. Time-frequency representation of digital signals and system based on short-time Fourier analysis[J]. IEEE ASSP,1980,(2)8:55-69.

[9] SCHAFER R W,RABINER L R. Design and simulation of a speech analysis-synthesis systems based in short-time Fourier analysis[J]. IEEE trans. on audio electroacoust,1973,21(3):165-174.

[10] CZERWINSKI R N,JONES D L. Adaptive short-time Fourier analysis[J]. IEEE signal processing letters,1997,4(2):42-45.

[11] 张国勤. 基于 Matlab 的信号时频分析[J]. 电子测试,2007,9:82-85.

[12] 科恩. 时频分析理论及应用[M]. 白居宪,译. 北京:清华大学出版社,2003.

4 埋弧焊电弧电信号 Wigner-Ville 分析

维格纳-威利(Wigner-Ville)时频分布(WVD)是一种最基本和应用最多的时频分布,是分析非平稳时变信号的有力工具。WVD 是二次型时频分布,能得出信号瞬时的能量、频率、功率谱密度和群延迟时间等,在非平稳信号的分析中应用广泛。WVD 是时间-频率二维联合函数,可看作信号在时间-频率二维平面上的能量密度函数,其时间-带宽积达到了 Heisenberg 不确定性原理给出的下界,具有很高的能量积聚性和很好的时频分辨率及满足时频边缘等特性,因而 WVD 特别适用于非平稳时变信号的分析,极大提高了焊接电弧信号特征提取的准确度[1,2]。通过对埋弧焊过程电弧电信号进行二次型时频分析,得到埋弧焊接过程电信号在时频平面的能量特征分布,从而得到反映焊接过程电弧能量的分布规律,并具有较高的时频分辨率,这对于研究埋弧焊过程电弧稳定性和焊缝成形具有一定指导意义。

4.1 WVD 的定义与算法

维格纳-威利时频分布的最早形式,是由诺贝尔奖获得者维格纳建立并于 1932 年发表的。在物理学与信息论关于信号瞬时频率与瞬时频谱的研究中,针对短时傅里叶变换的不足,1948 年,威利将这个分布函数引入信号分析领域。在所有具有能量化解释的二次时频表示中,WVD 满足大多数所希望的数学性质,是一种最基本和应用最广的时频分布。令信号 $x(t)$、$y(t)$ 的傅里叶变换分别是 $X(j\Omega)$、$Y(j\Omega)$,那么,$x(t)$、$y(t)$ 的联合 Wigner 分布定义为[3,4]:

$$W_{x,y}(t,\Omega) = \int_{-\infty}^{\infty} x\left(t+\frac{\tau}{2}\right) y^*\left(t-\frac{\tau}{2}\right) e^{-j\Omega\tau} d\tau \qquad (4-1)$$

信号 $x(t)$ 的自 Wigner 定义为

$$W_x(t,\Omega) = \int_{-\infty}^{\infty} x\left(t+\frac{\tau}{2}\right) x^*\left(t-\frac{\tau}{2}\right) \mathrm{e}^{-\mathrm{j}\Omega\tau} \,\mathrm{d}\tau \tag{4-2}$$

WVD 可以理解为每一个时刻对应的频谱是以这一时刻为中心,并将信号在这一时刻左右两侧的所有部分对褶相乘,然后对相乘后的结果进行傅里叶变换得到,其最大优点是具有非常好的时频聚焦性。

4.2 基本性质

WVD 具有很多优良的特性,这些性质对 WVD 的应用十分重要,结合下面内容重点讨论的埋弧焊电弧信息特征提取的电信号时频分析方法,主要讨论以下特性[3,4]:

（1）对称性

不论 $x(t)$ 是实信号还是复值信号,其自 WVD 都是 t 和 Ω 的实函数,以下等式成立:

$$W_x^*(t,\Omega) = \int_{-\infty}^{\infty} x^*\left(t-\frac{\tau}{2}\right) x\left(t+\frac{\tau}{2}\right) \mathrm{e}^{-\mathrm{j}\Omega\lambda} \,\mathrm{d}\lambda = W_x(t,\Omega) \tag{4-3}$$

（2）时移不变性

如果信号有一个时间位移 t_0,则它的 WVD 也有相同的时间位移 t_0,即若有 $\hat{x}(t) = x(t-t_0)$,则

$$WVD_{\hat{x}}(t,\omega) = WVD_x(t-t_0,\omega) \tag{4-4}$$

（3）频移不变性

如果信号受到一频率 ω_0 的调制,则它的 WVD 也有相同的频率位移 ω_0,即若有 $\hat{x}(t) = x(t)\mathrm{e}^{\mathrm{j}\omega_0 t}$,则

$$WVD_{\hat{x}}(t,\omega) = WVD_x(t,\omega-\omega_0) \tag{4-5}$$

（4）时域有界性

如果信号在某个时间范围内是有界的,则它的 WVD 在相同的时间范围内也是有界的。即当 $t \notin [t_1,t_2]$ 时,$x(t)=0$;则当 $t \notin [t_1,t_2]$ 时,也有 $WVD_x(t,\omega)=0$。

（5）频域有界性

如果信号在某个频率范围内是有界的,则它的 WVD 在相同的频率范围内也

是有界的。即当 $\omega \notin [\omega_1, \omega_2]$ 时，$X(\omega) = 0$，也有 $WVD_x(t, \omega) = 0$。

（6）时间边界条件

$$\frac{1}{2\pi}\int_{-\infty}^{\infty} WVD_x(t, \omega)\mathrm{d}\omega = |x(t)|^2 \tag{4-6}$$

（7）频率边界条件

$$\int_{-\infty}^{\infty} WVD_x(t, \omega)\mathrm{d}\omega = |x(t)|^2 \tag{4-7}$$

由式(4-5)和式(4-6)，可以通过 Parseval 能量关系得到：

$$\frac{1}{2\pi}\int_{-\infty}^{\infty}\int_{-\infty}^{\infty} WVD_x(t, \omega)\mathrm{d}\omega \mathrm{d}t = \frac{1}{2\pi}\int_{-\infty}^{\infty}|X(\omega)|^2\mathrm{d}\omega = \int_{-\infty}^{\infty}|x(t)|^2\mathrm{d}t \tag{4-8}$$

由(4-7)式可以看出，$WVD_x(t, \omega)$ 中包含的能量等于原信号 $x(t)$ 所具有的能量。由于 WVD 具有上述性质，故其具有十分明确的物理意义，可以被看作是信号的能量在时域和频域中的分布，因此，作为一种十分有效的信号时频分析工具，WVD 已在许多领域得到成功的应用。

4.3　交叉干扰项及其抑制

令 $x(t) = x_1(t) + x_2(t)$，则

$$W_x(t, \Omega) = \int\left[x_1\left(t + \frac{\tau}{2}\right) + x_2\left(t + \frac{\tau}{2}\right)\right]\left[x_1^*\left(t - \frac{\tau}{2}\right) + x_2^*\left(t - \frac{\tau}{2}\right)\right]\mathrm{e}^{-\mathrm{j}\Omega\tau}\mathrm{d}\tau$$

$$= W_{x_1}(t, \Omega) + W_{x_2}(t, \Omega) + 2Re[W_{x_1, x_2}(t, \Omega)]$$

$$\tag{4-9}$$

式(4-9)指出，两个信号和的 WVD 并不等于它们各自 WVD 的和。式中 $2Re[W_{x_1, x_2}(t, \Omega)]$ 是 $x_1(t)$ 和 $x_2(t)$ 的互 WVD，我们称之为"交叉项"，它是引进的干扰。交叉项的存在是 WVD 的一个严重缺点。近 20 年来，人们提出了各种各样的方案来去除或减轻交叉项对信号各个分量的自 WVD 所带来的影响[5]。进一步，若令 $x(t) = x_1(t) + x_2(t)$，$y(t) = y_1(t) + y_2(t)$，则

$$W_{x,y}(t, \Omega) = W_{x_1, y_1}(t, \Omega) + W_{x_2, y_2}(t, \Omega) + W_{x_1, y_2}(t, \Omega) + W_{x_2, y_1}(t, \Omega) \tag{4-10}$$

后两项也是交叉项干扰。一般地，若 $x(t)$ 有 N 个分量，那么这些分量之间共产生 $\frac{N(N-1)}{2}$ 个交叉项的干扰。

交叉项是二次型或双线性时频分布的固有结果,它们来自多分量信号中不同信号成分之间的交叉作用。虽然维格纳-威利分布具有好的时频聚集性,但是对于多分量信号,根据卷积定理,其维格纳-威利分布会出现交叉项,产生"虚假信号",引起解释上的困难,这也是应用中存在的主要缺陷。时频分布的交叉项一般是比较严重的,交叉项通常是振荡的,而且幅度可以达到自主项的两倍,造成信号的时频特征模糊不清。虽然可以用时频平均来减少这些干扰,其代价是牺牲了分辨率[6]。因此,如何有效抑制交叉项,对时频分析非常重要。由于埋弧焊电弧电信号是多分量信号,因此必须采取有效措施消除交叉项的干扰。事实上,交叉项与时频分布的有限支撑特性密切相关,而交叉项的抑制又主要通过核函数的设计来实现。通过加核函数即窗函数就可以有效抑制交叉项的干扰。

常用的加核函数后的 Wigner-Ville 分布有以下几种:

(1) 伪 Wigner-Ville 分布(简称 PW)

尽管 WVD 存在明显的交叉项,但由于交叉项的振荡特性,可通过对 WVD 的平滑处理来实现对交叉项的消除,在时域加一个平滑的窗函数,便得到伪 Wigner-Ville 分布:

$$PW_x(t,\Omega) = \int_{-\infty}^{+\infty} h(\tau) x\left(t+\frac{\tau}{2}\right) x^*\left(t-\frac{\tau}{2}\right) \mathrm{e}^{-\mathrm{j}\Omega\tau}\,\mathrm{d}\tau \qquad (4\text{-}11)$$

$h(\tau)$是一个窗函数,所加窗函数在时域上越短,在频域上的平滑效果越明显,消除交叉项的效果也越好,但 WVD 的有用性质如频率紧支集性、满足边缘条件等被破坏得也严重,交叉项的消除是以分辨率的降低为代价的。PW 在频率方向进行平滑处理,信号的频率分辨率变低了。

(2) 平滑的 WVD(简称 SPW)

一般,设$G(t,\Omega)$是某一窗函数的时频分布,令$G(t,\Omega)$和$W_x(t,\Omega)$在t和Ω两个方向上的卷积称为平滑 WVD,记为$SW_x(t,\Omega)$,即:

$$SW_x(t,\Omega) = \frac{1}{2\pi}\iint W_x(u,\xi) G(t-u,\Omega-\xi)\,\mathrm{d}u\mathrm{d}\xi \qquad (4\text{-}12)$$

$G(t,\Omega)$对$W_x(t,\Omega)$作用的效果,取决于$G(t,\Omega)$的形状。实际上,式(4-12)的左边即是 Cohen 类成员的一般表现形式之一。

(3) 平滑的伪 WVD(简称 SPWVD)

SPWVD 实际上只在频率方向进行平滑处理,如同时能在时间方向上也进行平滑处理,效果更好,这即平滑的伪 WVD(SPWVD),定义为:

$$SPW_x(t,\Omega) = \int_{-\infty}^{+\infty} g(u)h(\tau)x\left(t-u+\frac{\tau}{2}\right)x^*\left(t-u-\frac{\tau}{2}\right)e^{-j\Omega\tau}d\tau \quad (4\text{-}13)$$

上式中 $g(u)$、$h(\tau)$ 是实数窗函数,由于 SPW 在时域也加平滑窗,因此交叉项的影响要小得多,是牺牲时域分辨率换来的,在时域或频域中越平滑,则时间或频率分辨率越低。SPWVD 的交叉项最小,但在时间和频率两个方向都进行平滑处理,它的时间分辨率和频率分辨率相对较低。

4.4　埋弧焊电弧电信号的 WVD 分析

4.4.1　Wigner 分布的实现

如同许多的其他信号处理的算法一样,我们最终的目的是要将它们应用于科研或工程的实际。Matlab 作为一款无比强大的科学计算工具,在可以自由编程的同时,Matlab 也为我们封装好了一些功能,以工具箱的形式供我们使用。时频分析工具箱中提供了计算各种线性时频表示和双线性时频分布的函数,内建有 Wigner 分布计算的函数集,通过对这些函数的调用,让用户脱离了烦琐复杂的程序设计过程,可以处理具体针对焊接电弧电信号分析处理方面的问题,大大提高了计算与分析效率。实际求焊接电弧电信号 Wigner 分布,可使信号先构成解析信号,然后再加窗求该信号的 Wigner 分布。运用 Matlab 软件提供的时频分析工具,编写计算程序,计算与绘出 Wigner-Ville 分布的三维时频图,在得到信号的 Wigner 分布后,就可以对信号的能量时频分布进行分析,或者进一步估计相应特征参数如瞬时频率等。

WVD 是非线性二次型变换,描述了信号在不同时间和频率的能量密度或强度,具有很高的能量积聚性和时频分辨率,可作为提取埋弧焊接过程的电弧电信号特征的有力工具,能够直观地描述影响焊接过程电弧稳定性和焊接质量的电弧电信号能量强度、在时间轴上的分布及频率组成情况等,为有效判断焊接过程电弧稳定性和焊接质量等提供准确信息。通过研究埋弧焊接过程的电弧电信号的特点进行电弧信息特征提取。实测电弧电信号是一种非平稳时变信号,可由WVD 得出其有效的时频特征。

对蕴涵有大量反映焊接过程电弧稳定性和焊接质量信息的埋弧焊电弧电信号进行 WVD 分析时,首先必须解决两个主要问题:一是采取有效措施消除交叉项的干扰;二是电弧电信号所表征的电弧信息比较微弱,且干扰信号众多,因此必须采取消噪措施。

4.4.2 抑制交叉项及噪声的能力分析

交叉项是二次型或双线性时频分布的固有结果,它们来自多分量信号中不同信号成分之间的交叉作用。WVD 是双线性的,因此在分析多分量信号时,WVD 会产生交叉项,引起解释上的困难。WVD 就是时频能量密度。尽管 WVD 有一些好的特性,但是其应用因干扰项的存在而受到限制。虽然可以用时频平均来减少这些干扰,其代价是牺牲了分辨率。

此外实测焊接电弧电信号,不可避免会掺杂有各种噪声信号,往往会造成对电弧电信号信息特征信息提取的困难。当信号的持续时间无限长时,信号中的一小段噪声将会分布在整个 WVD 中;焊接电弧电信号所表征的故障信息比较微弱,且干扰信号众多。

图 4-1 为一组试验得到的交流方波埋弧焊电流信号 $x(t)$,具体焊接规范参数及试验现象如表 4-1 所示,从图 4-1 中可以看出,电流波形为 50Hz 的正负交替不规则方波,在每个波形波峰、波谷附有其他频率成分的干扰信号,波形正负过渡即零点过渡波形存在冲击。采样频率为 2.5kHz,每个焊接过程采样 20s,从中截取 1s 即 2500 个数据点来进行计算与分析。

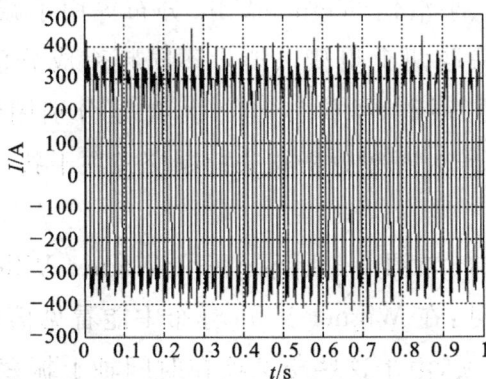

图 4-1　采集的交流方波埋弧焊电流信号 $x(t)$

表 4-1　焊接规范参数及试验现象

试验序号	电流/A	电压/V	焊接速度/(m/min)	频率/Hz	占空比	焊接情况
1	630	40	0.6	50	0.5	无短路、断弧,过程稳定,焊接成形好

该信号的 WVD 如图 4-2 所示。

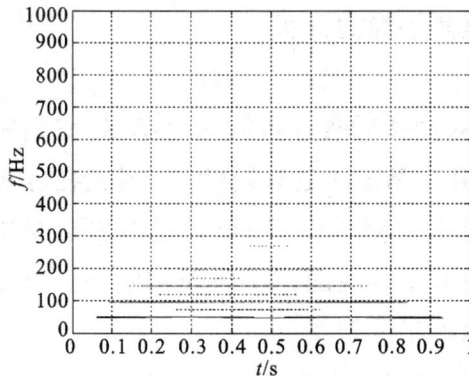

图 4-2　交流方波埋弧焊电流信号的 WVD

从图 4-2 可以看出该组信号的能量分布情况,在频率-时间轴上主体能量主要集中在 50Hz 为中心的等高线上,同时夹有其他频率含突变和干扰成分的等高线,且与实际焊接过程交流方波埋弧焊电流输出参数完全吻合,说明了 WVD 能有效提取埋弧焊电弧电流信号的特征。然而,混杂于主体项与其他项成分之间的交叉项严重干扰了对 WVD 的解释,如果不是事先已经知道信号的表达式,就会以交叉项为研究对象,并寻求其物理解释了。

根据前面介绍的减小交叉项干扰方面的措施,即可将伪 Wigner-Ville 分布、平滑 Wigner-Ville 分布、平滑伪 Wigner-Ville 分布等用于减小时频分布结果的交叉项干扰,应用中一般采取两个步骤以消除不同频率成分引入的交叉项干扰:一是计算时以实际信号的解析信号代替实信号,二是分别用伪 Wigner-Ville 分布、平滑 Wigner-Ville 分布作为时频分析核来抑制交叉项干扰。其计算结果如图4-3、图 4-4 所示。

伪 Wigner-Ville 分布如图 4-3 所示、平滑 Wigner-Ville 分布如图 4-4 所示。比较图 4-3 与图 4-4 可见:在 Wigner-Ville 分布中能看见信号的主体项、其他干扰项以及它们之间的交叉项,由于这些交叉项在时间轴上振荡,因此,难以区别焊接电弧能量特征分布;伪 Wigner-Ville 分布相应消除了交叉项;平滑 Wigner-Ville 分布进行了时域平滑,大大降低了交叉项的影响。

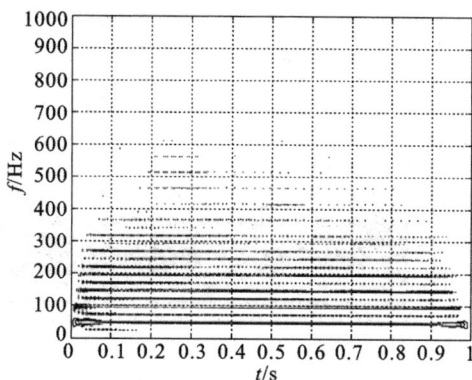

图 4-3　伪 Wigner-Ville 分布

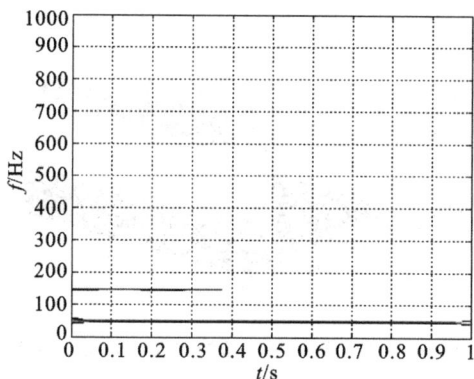

图 4-4　平滑 Wigner-Ville 分布

进一步可以从图 4-3、图 4-4 中看出,虽然伪 Wigner-Ville 分布和平滑 Wigner-Ville 分布在一定程度上可以抑制交叉项的影响,改善 WVD 的应用效果,可以清晰地分辨出主体电流波形能量分布特征,但无法观察交流方波电流波形过零点冲击、突变等局部特征,即不能有效刻画交流方波埋弧焊电弧能量的局部特征。

仍以图 4-1 所示信号为研究对象,采取两个步骤来抑制交叉项干扰和消除不同频率成分的噪声信号:一是计算时以实际信号的解析信号代替实信号,二是用 Choi-Williams 核作为时频分析。利用 Choi-Williams 核作为时频分析的信号 WVD,如图 4-5、图 4-6 所示。

比较图 4-5 和图 4-2 可知,利用 Choi-Williams 核作为时频分析,有效抑制了主体成分和其他干扰成分之间的交叉项影响,虽然没有完全消除噪声的干扰,但此时噪声给 WVD 带来的影响已可忽略,保留了信号能量分布的冲击、突变的成

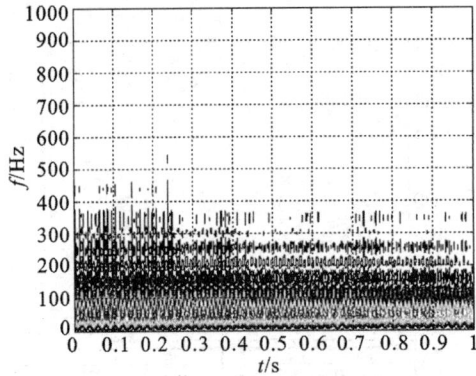

图 4-5   Choi-Williams 核的 WVD 分布

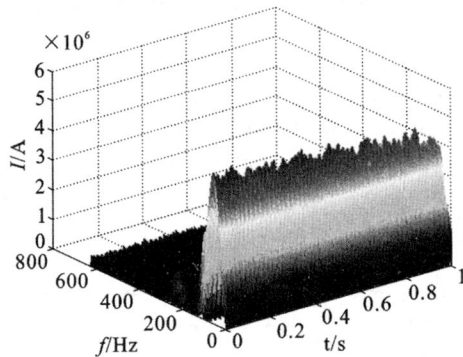

图 4-6   Choi-Williams 核的 WVD 分布三维图

分,说明 Choi-Williams 核的 WVD 分析能够有效抑制交叉干扰项、消除焊接电弧电信号 WVD 中的噪声影响和具有有效刻画交流方波埋弧焊电弧能量局部特征的能力。

从计算分析研究可知,WVD 能够有效提取焊接电弧电信号的特征,能为基于焊接电弧稳定性及焊接质量的评估提供直观、准确的判据;采用 Choi-Williams 核的 WVD,能有效抑制交叉干扰项和噪声的影响,凸显电弧能量局部特征。

4.4.3   试验结果分析

交流方波埋弧焊电弧电流、电压信号的测量分别由霍尔传感器、以太网数据采集器、工控机等部分组成,见第 2 章的具体介绍。分别改变焊接参数,将焊接过程采集到的电弧电压和焊接电流信号通过网线传输到工控机显示、保存,并借助于 Matlab 对采集到的信号进行分析、处理。交流方波埋弧焊接试验采用

MZE1000 交流方波埋弧焊机,工件材料为低碳钢,板厚 20mm,焊丝牌号为 H08A,直径 4.0mm,焊剂为 HJ431。在给定不同焊接电压、电流、焊接速度等工艺参数的条件下进行埋弧焊堆焊试验,采集相应焊接工艺参数的电信号数据。焊接试验工艺参数及焊接结果如表 4-2 所示。

表 4-2 焊接试验工艺参数及焊接结果

试验序号	电流/A	电压/V	焊接速度/(m/min)	频率/Hz	占空比	焊接情况
1	630	40	1.2	50	0.5	有断弧,过程不稳定,焊缝成形差
2	630	40	1.2	80	0.5	无短路、断弧,过程稳定,焊接成形好
3	630	40	1.2	100	0.5	无短路、断弧,过程稳定,焊接成形好

采取两个步骤以消除不同频率成分引入的交叉项干扰:一是计算时以实际信号的解析信号代替实信号,二是用 Choi-Williams 核作为时频分析核来抑制交叉项干扰和消除噪声。焊接电流信号及其时频分布如图 4-7~图 4-9 所示。

从图 4-7~图 4-9 可以看出每组试验采集到的焊接电流信号的幅值的时间和频率的联合分布情况。从图 4-7~图 4-9 中可以看出,各组信号能量主要集中在主频率成分为 50Hz、80Hz 或 100Hz,还存在一些围绕主频倍数随时间波动的其他不规则频率成分,这些不规则频率成分是焊接电源本身实际输出的电流波形发生畸变的部分,而且伴随主频电流波形呈随机分布。电流波形发生畸变的频率成分多少和范围的大小直接影响电弧能量分布情况,进而影响焊缝成形。

图 4-7、图 4-8 和图 4-9 为焊接电流信号在相同占空比不同频率条件下计算的时频谱,三组信号的时频谱的主频率成分分别为 50Hz、80Hz 和 100Hz,电流信号幅值随频率分布基本没有多少区别,但是三组信号的时频分布的不同主要表现在能量分布随时间的变化,从三组时频分布可以看出,电弧能量随着时间的变化是不同的。随着频率的增大,单位时间内能量交替变换频繁,能量分布相对集中。

从图 4-7、图 4-8 和图 4-9 可以看出,无异常情况发生,电弧稳定燃烧,计算的电弧能量在时间和频率等高线分布呈规则的交替变化。由于某种因素,某一时刻发生瞬时断弧,电流波形和计算的时频分布如图 4-7 所示,电弧能量骤然降低,此为焊接过程中的异常现象,干扰了燃弧过程的稳定进行及其能量的变化规律,此时的电弧能量分布不规则,断弧结束后,电弧继续稳定燃烧,电弧能量的时间和频率等高线分布重新趋于规则状态。

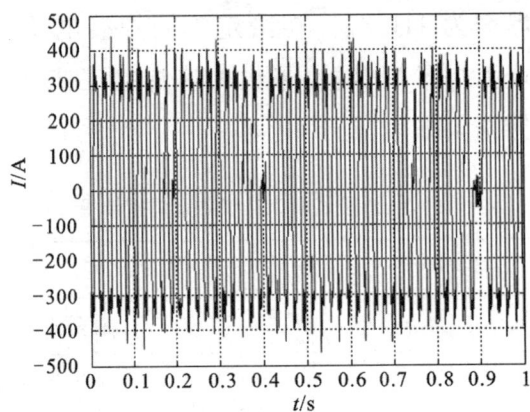

(a)

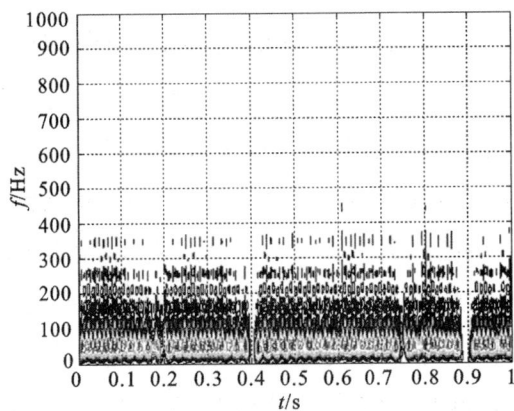

(b)

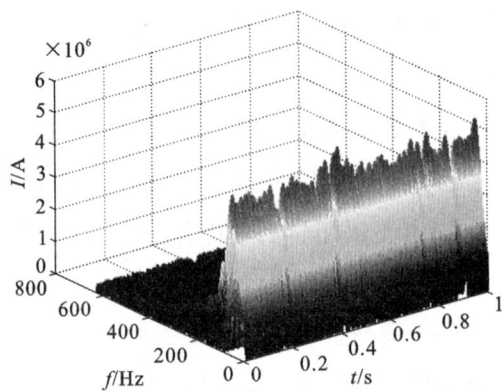

(c)

图 4-7　试验序号为 1 的电流波形及 WVD 分布

(a)电流信号；(b)WVD 时频分布；(c)WVD 分布三维图

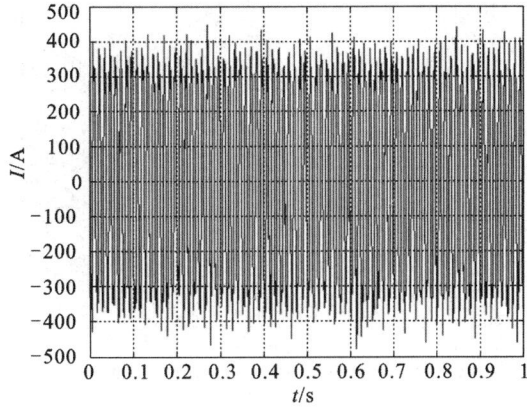

(a)

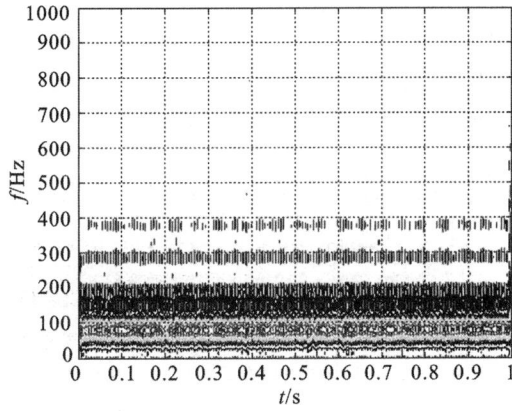

(b)

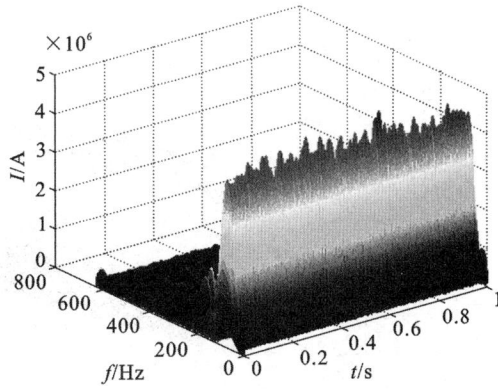

(c)

图 4-8 试验序号为 2 的电流波形及 WVD 分布

(a)电流信号；(b)WVD 时频分布；(c)WVD 分布三维图

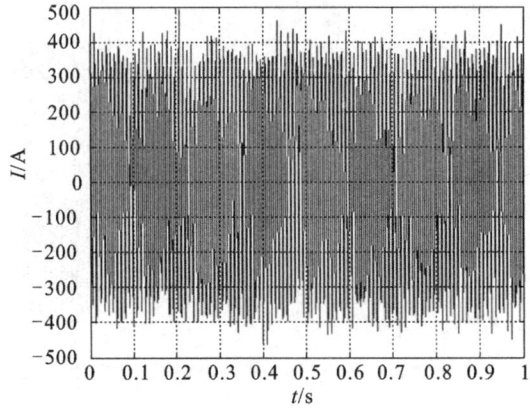

(a)

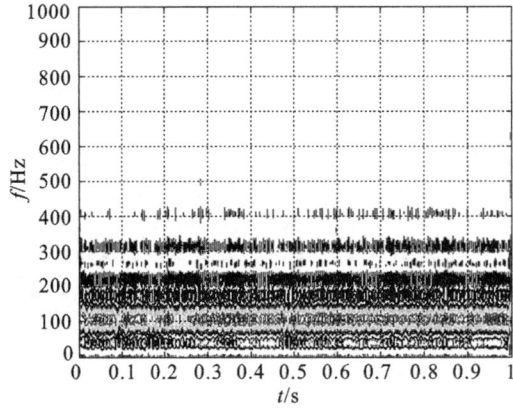

(b)

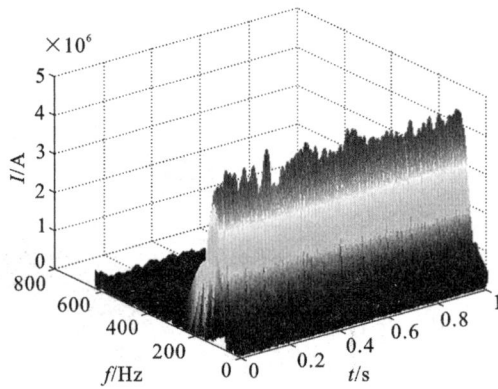

(c)

图 4-9　试验序号为 3 的电流波形及 WVD 分布

(a)电流信号；(b)WVD 时频分布；(c)WVD 分布三维图

　　对不同工况条件下拾取的电弧电流信号进行了 WVD 分析,通过采取消除交叉项、噪声和趋势项等措施,直观、准确地描述了电弧能量特征,与理论分析和计算的结果完全吻合,说明 WVD 用于埋弧焊电弧能量特征是一种非常直观、有效、实用的时频分析方法。

参 考 文 献

[1] 罗怡,伍光凤,李春天. Choi-Williams 时频分布在 CO_2 焊接电信号检测中的应用[J].焊接学报,2008,29(2):101-108.

[2] 罗怡,王笑川.基于时频分析的 CO_2 焊接电弧信息提取[J].焊接学报,2008,29(10):97-100.

[3] 胡广书.现代信号处理教程[M].北京:清华大学出版社,2004.

[4] 张贤达.现代信号处理[M].北京:清华大学出版社,2002.

[5] 葛哲学,陈仲生. Matlab 时频分析技术及其应用[M].北京:人民邮电出版社,2005.

[6] 潘继飞,姜秋喜,毕大平. Wigner-Ville 分布及其在脉压雷达信号检测中的应用[J].电子对抗技术,2005,20(1):15-18,23.

5 埋弧焊电弧电信号小波分析

小波分析是继傅里叶分析之后的一种新型信号分析方法,与傅里叶变换相比,它具有良好的时频局部分析特性和多尺度分析特性,被看成是数学领域半个世纪以来的研究结晶,因为具有多分辨率的特征,而且在时域和频域都具有表征信号局部特征的能力,被誉为数学显微镜或信号分析的显微镜[1]。小波分析技术凭借多尺度分析和时频联合分析的优势,特别适合对焊接电弧这样的非稳定信号进行分析,在焊接过程电弧信号分析与处理中得到了广泛应用,已经开始在焊接领域中得到应用[2-8]。根据多分辨分析理论,以不同的小波变换尺度,可将信号分解成不同的频率分量,信号和噪声的小波变换系数的幅度随尺度的变化在滤波空间的传播特性是不同的,从而可以将信号和噪声区别开来,消除其中的噪声成分,提取焊接电弧信号特征,进行焊接过程动态监测和电弧能量奇异点检测[9-12],同时也可以将小波分析技术与信息处理技术相结合提取焊接过程电弧能量特征进行电弧稳定性和工艺评估[7]。

5.1　理论及算法

设给定基本函数为 $\psi(t)$,令

$$\psi_{a,b}(t) = \frac{1}{\sqrt{a}}\psi\left(\frac{t-b}{a}\right) \tag{5-1}$$

式(5-1)中的 a、b 均为常数,且 $a>0$。$\psi_{a,b}(t)$ 函数是基本函数 $\psi(t)$ 先做平移再做伸缩以后得到的。若 a、b 不断地变化,可得到一组基函数 $\psi_{a,b}(t)$。对于能量有限信号 $x(t)$,即 $x(t) \in L^2(R)$,则 $x(t)$ 的小波变换(Wavelet Transform,WT)定义为:

$$WT_x(a,b) = \frac{1}{\sqrt{a}} \int x(t) \psi^* \left(\frac{t-b}{a} \right) \mathrm{d}t = \int x(t) \psi_{a,b}^*(t) \mathrm{d}t = [x(t), \psi_{a,b}(t)]$$

$$(5\text{-}2)$$

由于式(5-2)中的变量 a、b、t 均为连续变量,因此式(5-2)又称为连续小波变换。式中的积分范围均为 $-\infty$ 到 $+\infty$。信号 $x(t)$ 的小波变换 $WT_x(a,b)$ 是 a 和 b 的函数,其中 a 为尺度因子,又称伸缩因子或压扩因子,b 为平移因子或时移因子。$\psi(t)$ 称为基本小波,或称母小波。$\psi_{a,b}(t)$ 是母小波经位移和压扩所产生的一组函数,称之为小波基函数,或简称小波基。式(5-2)表达的小波变换 $WT_x(a,b)$ 可以解释为信号 $x(t)$ 和一组小波基函数的内积。基本小波 $\psi(t)$ 可以是实函数,也可是复函数。而小波变换幅的平方则是一种能量分布,即:

$$|WT_x(a,b)|^2 = \left| \frac{1}{\sqrt{a}} \int x(t) \psi^* \left(\frac{t-b}{a} \right) \mathrm{d}t \right|^2 = \left| \int x(t) \psi_{a,b}^*(t) \mathrm{d}t \right|^2 \quad (5\text{-}3)$$

式(5-3)为信号的尺度图,它是随着平移因子 b 和尺度因子 a 而变化的能量分布,而不是随 t 和 ω 变化的能量分布。

设信号 $x_1(t)$、$x_2(t)$,函数 $\psi(t) \in L^2(R)$,则小波变换的内积定理可以表示为:

$$\int_0^\infty \int_{-\infty}^{+\infty} WT_{x_1}(a,b)^* WT_{x_2}(a,b) \frac{\mathrm{d}a}{a^2} \mathrm{d}b = C_\psi [x_1(t), x_2(t)] \quad (5\text{-}4)$$

其中 C_ψ 为:

$$C_\psi = \int_0^\infty \frac{|\Psi(\omega)|^2}{\omega} \mathrm{d}\omega < \infty \quad (5\text{-}5)$$

$\Psi(\omega)$ 为 $\psi(t)$ 的傅里叶变换。式(5-5)称为容许条件或相容性条件,又称为小波变换中的 Parseval 定理。将式(5-4)改写为更简单的形式:

$$a^{-2} [WT_{x_1}(a,b), WT_{x_2}(a,b)] = C_\psi [x_1(t), x_2(t)] \quad (5\text{-}6)$$

设 $x_1(t) = x_2(t) = x(t)$,由式(5-4)得:

$$\int_{-\infty}^\infty |x(t)|^2 \mathrm{d}t = \frac{1}{C_\psi} \int_0^\infty \int_{-\infty}^{+\infty} a^{-2} |WT_x(a,b)|^2 \mathrm{d}a \mathrm{d}b \quad (5\text{-}7)$$

式(5-7)表明,小波变换的幅平方在尺度-位移平面上的加权积分等于信号在时域的总能量,因此,小波变换的幅平方可以看作是信号能量时频分布的一种表达形式。

定理:设 $x(t)$、$\psi(t) \in L^2(R)$,$\Psi(\omega)$ 为 $\psi(t)$ 的傅里叶变换,若容许条件 $C_\psi = \int_0^\infty \frac{|\Psi(\omega)|^2}{\omega} \mathrm{d}\omega < \infty$ 成立,则 $x(t)$ 可由其小波变换来恢复:

$$x(t) = \frac{1}{C_\psi} \int_0^\infty a^{-2} \int_{-\infty}^\infty WT_x(a,b) \psi_{a,b}(t) \, \mathrm{d}a \mathrm{d}b \qquad (5\text{-}8)$$

式(5-8)就是小波变换后重建信号的理论基础,由于计算机只能处理离散信号,相应的小波变换应离散化。通常对 a 的离散化是采用幂级数的方法来逐级改变的,故令 $a = a_0^j, a_0 > 0, b = k b_0 a_0^j, j \in \mathbf{Z}$,通常设 $a_0 > 1$,所以对应的离散小波基函数为:

$$\psi_{j,k}(t) = \frac{1}{\sqrt{a_0^j}} \psi\left(\frac{t - k a_0^j b_0}{a_0^j}\right) = a_0^{-j/2} \psi(a_0^{-j} t - k b_0) \qquad (5\text{-}9)$$

离散化小波变换的系数可表示为:

$$C_{j,k} = \int_{-\infty}^\infty x(t) \psi_{j,k}^*(t) \, \mathrm{d}t = (f, \psi_{j,k}) \qquad (5\text{-}10)$$

信号的重构公式为:

$$x(t) = C \sum_{j=-\infty}^\infty \sum_{k=-\infty}^\infty C_{j,k} \psi_{j,k}(t) \qquad (5\text{-}11)$$

其中 C 是一个与信号无关的常数,式(5-9)、式(5-10)和式(5-11)就组成了离散化的小波变换和小波逆变换的公式,也是计算机进行离散化处理的理论基础。

如何选择常数 a_0 和 b_0,才能保证信号重构的精度呢?显然,常数 a_0 和 b_0 越小,对应的网格越密,信号重构的精度越高;反之,则信号的重构精度就越低。小波离散化的本质实际上是在尺度因子 a 和平移因子 b 组成的平面上进行的离散化。为了使小波变换具有可变化的时间和频率分辨率及适应信号的非平稳性,需要改变尺度因子 a 和平移因子 b 的大小,使小波变换具有变焦距的功能。实际上是采用动态的采样网格,最常用的就是二进制的动态采样网格。设 $a_0 = 2$ 和 $b_0 = 1$,则网格对应的尺度为 2^j,平移为 $2^j k$,于是小波基函数变为:

$$\psi_{j,k}(t) = 2^{-j/2} \psi(2^{-j} t - k) \quad (j, k \in \mathbf{Z}) \qquad (5\text{-}12)$$

式(5-12)称二进小波,设 $\psi_{j,k}(t) \in L^2(R)$,$\psi_{j,k}(t)$ 的傅里叶变换为 $\Psi(\omega)$,存在常数 A、B,且 $0 < A < B < \infty$ 使得稳定条件成立,即

$$A \leqslant \sum_{j \in \mathbf{Z}} |\Psi(2^{-j}\omega)|^2 \leqslant B \qquad (5\text{-}13)$$

二进小波变换可表示为:

$$WT_{2^j} x(k) = \frac{1}{2^j} \int_R x(t) \psi^*(2^{-j} t - k) \, \mathrm{d}t = [x(t), \psi_{2^j}(k)] \qquad (5\text{-}14)$$

信号的重构表达式为:

$$x(t) = \sum_{j=-\infty}^{\infty} WT_{2^j} x(k) * \psi_{2^j}(t) = \sum_{j=-\infty}^{\infty} \int WT_{2^j} x(k) \psi_{2^j}(2^{-j}t - k) \mathrm{d}k \quad (5\text{-}15)$$

5.2 常用小波

在小波变换过程中,可用的小波函数有多种,常见的小波函数有 Mexihat 小波函数、Gaussian 小波函数、Morlet 小波函数、Meyer 小波函数、Daubechies 小波函数(也称 db 小波函数)、Coiflets 小波函数、双正交 bior 小波函数等。图 5-1 为 Haar 小波函数,是数学家 Haar 于 1910 年提出的正交函数集,它是小波分析中最早用到的,也是最简单的正交小波函数,它是[0,1]范围内的矩形波。其定义为:

$$\psi(t) = \begin{cases} 1 & (0 \leqslant t < \frac{1}{2}) \\ -1 & (\frac{1}{2} \leqslant t < 1) \\ 0 & (其他) \end{cases} \quad (5\text{-}16)$$

Mexihat 小波中文名又称为墨西哥草帽小波,也称 Maar 小波,如图 5-2 所示,其定义为:

$$\psi(t) = c(1 - t^2) \mathrm{e}^{-t^2/2} \quad (5\text{-}17)$$

式中 $c = \frac{2}{\sqrt{3}} \pi^{\frac{1}{4}}$,墨西哥草帽小波不是紧支撑的,也不是正交的,但它是对称的,可用于连续小波变换,如常用于计算机视觉中的图像边缘检测。

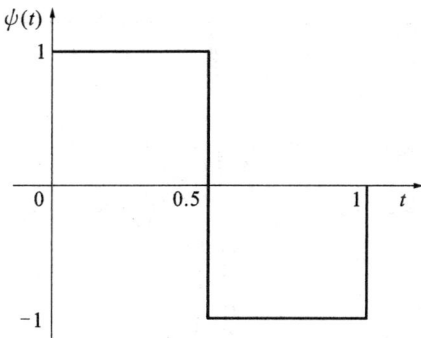

图 5-1 Haar 小波函数

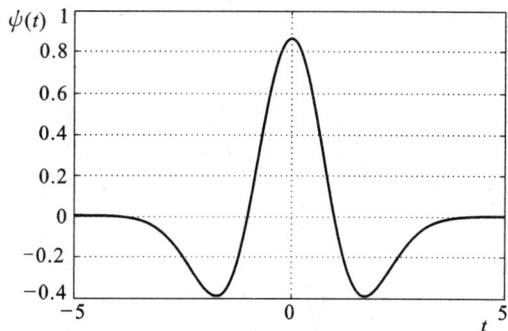

图 5-2 墨西哥草帽小波函数

高斯小波是由一基本高斯函数对时间求倒数而得到的,如图 5-3、图 5-4 所示,其定义为：

$$\psi(t) = c \frac{\mathrm{d}^k}{\mathrm{d}t^k} \mathrm{e}^{-t^2/2} \quad (k = 1, 2, \cdots, 8) \tag{5-18}$$

其中 c 为定标常数，用来保证 $\|\psi(t)\|^2 = 1$。该小波不是正交的，当 k 取偶数时，$\psi(t)$ 为偶对称；当 k 取奇数时，$\psi(t)^2$ 为反对称。

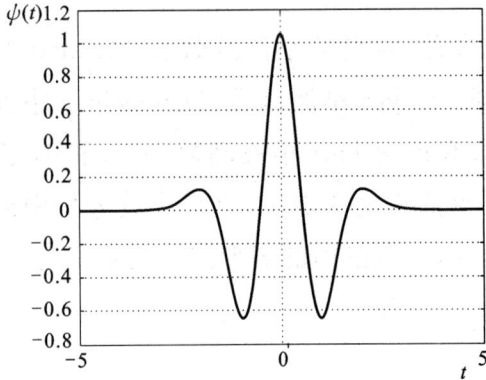

图 5-3　叉数为 $k=4$ 的 Gaussian 小波函数

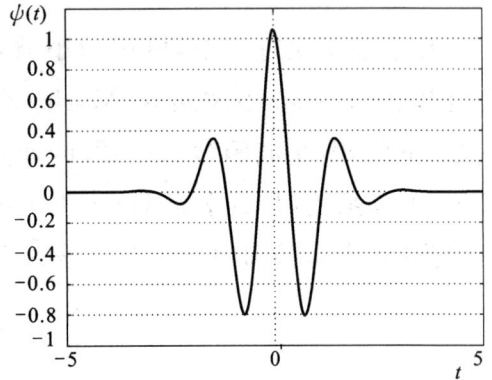

图 5-4　叉数为 $k=8$ 的 Gaussian 小波函数

Morlet 小波是一个具有高斯包络的单频率复正弦函数，如图 5-5 所示，其定义为：

$$\psi(t) = \mathrm{e}^{-t^2/2} \mathrm{e}^{\mathrm{j}\omega_0 t} \tag{5-19}$$

由于考虑到待分析的信号为实信号，所以在 Matlab 中对式(5-19)修改为：

$$\psi(t) = \mathrm{e}^{-t^2/2} \cos\omega_0 t \tag{5-20}$$

并且取 $\omega_0 = 5$。Morlet 小波不是正交的，也不是双正交的，该小波是对称的，常用于连续信号变换，是一种应用较为广泛的小波。

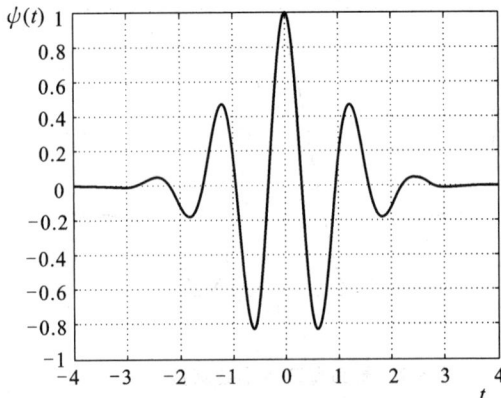

图 5-5　Morlet 小波函数

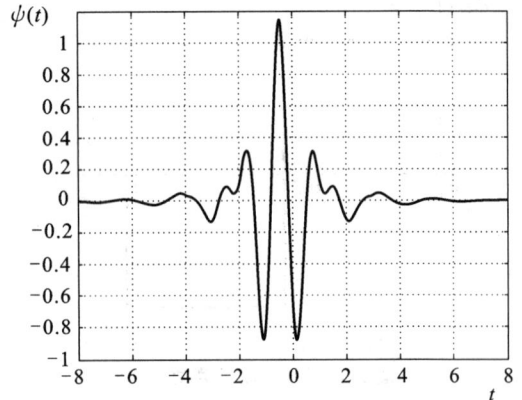

图 5-6　Meyer 小波函数

Meyer 小波是由 Meyer 于 1986 年提出的,如图 5-6 所示,该小波无时域表达式,它是由一对共轭正交镜像滤波器组的频谱来定义的,它是正交或双正交的。除上述常用小波外,另外还有 Daubechies 小波(也称 db 小波)、Coiflets 小波、双正交 bior 小波等,它们都是常用的小波[13-19]。

5.3　信号小波的分解与重构[13-19]

信号的分解与重构是小波分析理论在信号处理中最主要的应用之一,1988 年 Mallt S 在构造正交小波基时,创造性地提出了多分辨率分析(Multi-Resolution Analysis)的概念,从空间的概念上形象地说明了小波的多分辨率特性,并提出了著名的 Mallat 算法,即正交小波变换的快速算法,其分解过程原理如图 5-7 所示,其中↓2 为 2 倍抽取。

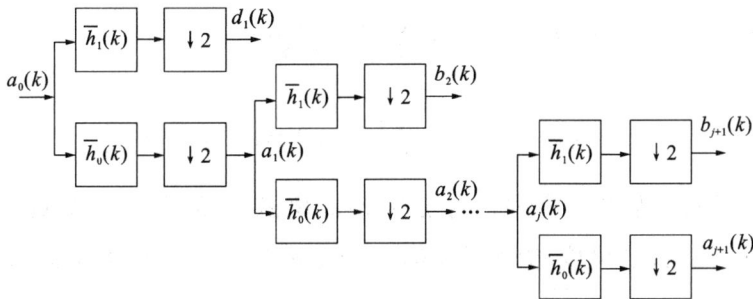

图 5-7　信号的小波分解

空间 V_0 存在正交归一基 $\{\varphi(t-k),k\in \mathbf{Z}\}$,由尺度函数 $\varphi(t)$ 做尺度伸缩与平移产生 $\{\varphi_{j,k}(t),j,k\in \mathbf{Z}\}$,$\{\varphi_{j,k}(t),j,k\in \mathbf{Z}\}$ 是空间 V_j 中的正交归一基。V_j 的正交补空间 W_j 是由 $\{\psi_{j,k}(t),j,k\in \mathbf{Z}\}$ 小波基函数组成的,同理,$\{\psi_{j,k}(t),j,k\in \mathbf{Z}\}$ 是由母小波 $\psi(t)$ 伸缩和平移而产生的,$\varphi_{j,k}(t)$ 是空间 V_j 中的正交归一基,而 $\psi_{j,k}(t)$ 是空间 W_j 中的正交归一基,它们满足 $V_j\perp W_j$,$V_{j-1}=V_j\oplus W_j$ 关系。因此,在相邻尺度间的尺度函数和尺度函数之间,尺度函数和小波函数之间必然存在联系。类似式(5-12),尺度函数可表示为 $\varphi_{j,0}(t)=2^{-j/2}\varphi(2^{-j}t)\in V_j$,并且将 $\varphi_{j,0}(t)$ 表示为空间 V_{j-1} 中的一个元素,即:

$$\varphi_{j,0}(t)=\sum_{k=-\infty}^{\infty}h_0(k)\varphi_{j-1,k}(t) \tag{5-21}$$

式中 $h_0(k)$ 为加权系数,实际应用中相当于一个低频滤波器,频带在 $0 \sim \dfrac{\pi}{2}$ 之间。将式(5-21)展开得:

$$\varphi\left(\frac{t}{2^j}\right) = \sqrt{2} \sum_{k=-\infty}^{\infty} h_0(k) \varphi\left(\frac{t}{2^{j-1}} - k\right) \tag{5-22}$$

同理推导空间 W_j 中的正交归一基函数 $\psi_{j,0}(t)$,由于 W_j 也包含于空间 V_{j-1} 中,因此也可以将 $\psi_{j,0}(t)$ 表示为空间 V_{j-1} 中的一个元素,即:

$$\psi\left(\frac{t}{2^j}\right) = \sqrt{2} \sum_{k=-\infty}^{\infty} h_1(k) \varphi\left(\frac{t}{2^{j-1}} - k\right) \tag{5-23}$$

式中 $h_1(k)$ 为加权系数,实际应用中相当于一个高频滤波器,频带在 $\dfrac{\pi}{2} \sim \pi$ 之间。式(5-22)和式(5-23)两式称为二尺度差分方程,它们反映了多分辨率信号分析中尺度函数与小波函数的相互关系,这种关系存在于任意相邻两级之间。如果取 $j=1$,则式(5-22)和式(5-23)两式改写为:

$$\varphi\left(\frac{t}{2}\right) = \sqrt{2} \sum_{k=-\infty}^{\infty} h_0(k) \varphi(t-k) \tag{5-24}$$

$$\psi\left(\frac{t}{2}\right) = \sqrt{2} \sum_{k=-\infty}^{\infty} h_1(k) \varphi(t-k) \tag{5-25}$$

设 $a_j(k)$、$d_j(k)$ 为多分辨率信号分解各级离散分量,$h_0(k)$、$h_1(k)$ 为满足式(5-24)、式(5-25)两式的二尺度差分方程的两个滤波器,则信号分量 $a_j(k)$、$d_j(k)$ 满足下列关系:

$$a_{j+1}(k) = \sum_{n=-\infty}^{\infty} a_j(n) h_0(n-2k) = a_j(k) * \bar{h}_0(2k) \tag{5-26}$$

$$d_{j+1}(k) = \sum_{n=-\infty}^{\infty} a_j(n) h_1(n-2k) = a_j(k) * \bar{h}_1(2k) \tag{5-27}$$

其中 $\bar{h}(k) = h(-k)$。

信号的小波分解与重构互为逆过程,信号的重构过程即为小波逆变换。如图5-8 所示,其中 ↑2 为 2 倍插值,信号分量 $a_{j+1}(k)$、$d_{j+1}(k)$ 满足式(5-26)、式(5-27)两式,则信号分量 $a_j(k)$ 可由下式进行重构[1]:

$$a_j(k) = \sum_{n=-\infty}^{\infty} a_{j+1}(n) h_0(k-2n) + \sum_{n=-\infty}^{\infty} d_{j+1}(n) h_1(k-2n) \tag{5-28}$$

上述式(5-26)、式(5-27)、式(5-28)就是小波信号分解与重构的关系表达式,也是电弧信号处理的理论依据,按照图 5-7 对信号进行分解,按照图 5-8 即可对原始信号进行重构。焊接过程电弧信号就是典型的非平稳信号,利用小波变换的原理,就可以对其进行各种时频分析,充分发挥其"数学显微镜"的优势,对局部信号进行放大,如用小波分析对埋弧焊接过程中电弧信号进行分析就非常有意义。

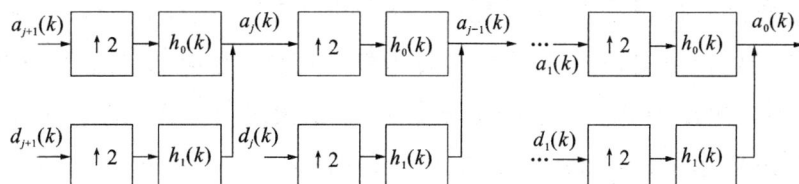

图 5-8　信号的小波重构

5.4　埋弧焊电弧信号小波分析

5.4.1　电弧信号的小波消噪

一个含噪声的一维信号序列的模型可表示为:

$$x(n) = x_0(n) + \sigma e(n) \tag{5-29}$$

其中 $x_0(n)$ 是有用信号, $x(n)$ 为含噪声的信号, $e(n)$ 是高斯白噪声信号, σ 为噪声水平信号。实际焊接过程中,采集到的动态电弧信号一般分为两个部分:一部分是有用的信号,通常表现为低频或是一些比较平稳的信号,如电源输出的直流电流、电压或交流方波电流、电压信号;另一部分为干扰信号,如焊接电源中 IG-BT 的开关噪声、电磁噪声、环境噪声等信号。其中干扰信号的存在会覆盖有用信号的特征,所以必须对采集的电弧信号进行消噪处理。电弧信号的上述特点为利用小波分析消噪提供了先决条件,对信号进行小波分解时,含噪声部分主要包含在高频小波系数中,因而,可以应用门限阈值等形式对小波系数进行处理,然后对信号进行重构即可以达到消噪的目的。对信号 $x(n)$ 消噪的目的就是要抑制信号中的噪声部分,从而在 $x(n)$ 中恢复出真实信号 $x_0(n)$。小波消噪过程可按照下面三个步骤进行:

(1) 选择小波并确定分解层次 N,然后对信号 $x(n)$ 进行 N 层分解;

（2）选择每层高频系数的阈值，对小波分解的高频系数进行阈值量化处理；

（3）根据小波分解的第 N 层的系数和经过量化处理后的第一层到第 N 层的高频系数，进行信号的重构。

按上述方法，选择 Daubechies 小波族中的 db2 小波，进行 2 层小波分解，在 Matlab 语言平台上编写小波消噪程序，对采集到的一组交流方波埋弧焊电弧电流、电压信号进行消噪处理。图 5-9 为对采样的电流、电压信号进行小波消噪处理前后的波形图。可以看出，无论是正常稳定焊接时电压、电流波形还是发生突变时的电压、电流波形，其叠加在原信号上的干扰信号经小波消噪被有效地滤除，交流方波过零点时信号波形突变，没有失真，信号波形整体上变得更加清晰。应用小波消噪，可以去除叠加在有用信号中的噪声，提高对焊接缺陷识别的准确度，有利于分析电弧信号稳定性对焊缝成形影响的规律。

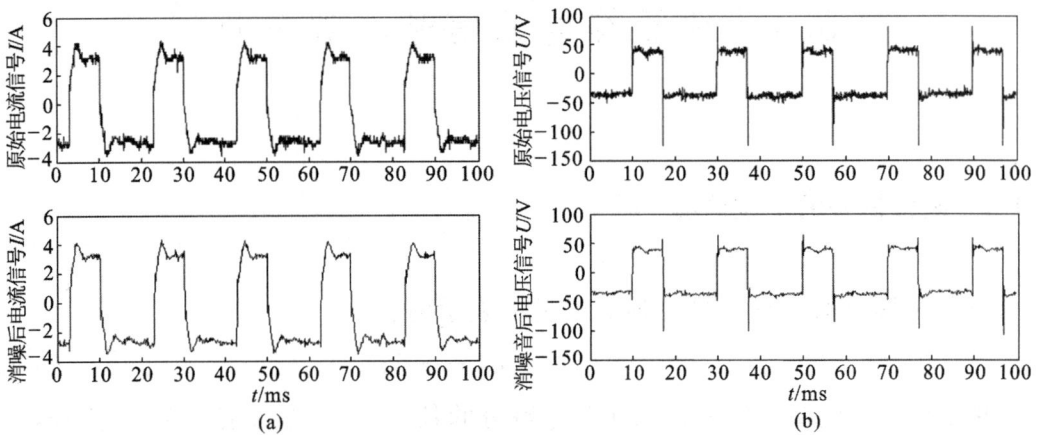

图 5-9　小波消噪处理前后的焊接电流、电压波形
(a)电流波形；(b)电压波形

5.4.2　埋弧焊过程动态监测

为了消除焊接过程电信号中的高频干扰，根据前面介绍的小波消噪方法，对采集到的埋弧焊过程电信号进行滤波处理，可在消除信号噪声的同时，较好地保持信号的突变部分不失真，进而实现焊接过程动态监测。

试验条件：单电弧直流堆焊试验，MZ2000 逆变式埋弧焊电源，低碳钢板，板厚 15mm，ϕ4mm 的焊丝，焊丝牌号 H08A，HJ431 焊剂，焊丝干伸长 30mm，采用堆焊方法。

在该试验条件下,进行电弧电流突变工艺试验,焊接过程中给定焊接电压40V、焊接速度0.8m/min,改变焊接电流给定值,由450A变为600A。图5-10是小波处理后的一个完整的电弧突变电弧电流、电压信号,从图5-10中可以清晰地看出焊接过程包括两个平台部分,两个平台中的电流非常稳定,前一个平台的电流大致在450A附近,后一个平台的电流大致在600A附近,从前一个平台突变到后一个平台的时间非常短暂,图5-10清晰地显示了焊接的完整过程,对应的焊缝外观如图5-11所示,整条焊缝表面光滑,边缘整齐,但在电弧突变前后,焊缝熔宽随着电流、电压增大而变宽。图5-12和图5-13分别显示了突变过程中电弧能量和动态电阻的变化关系,图5-12清晰地显示了电弧能量的整个变化过程,起弧时能量由小到大,在突变前,能量大致保持在20kW,突变后电弧能量上了一个台阶,大致维持在24kW,前后两个平台相差4kW左右。由于电弧自身的特点,图5-12中的能量曲线并不光滑,而是含有较多毛刺,这是由电弧自身特征所决定的。图5-13清晰地显示了动态电阻的整个变化过程,在突变前,动态电阻略低于0.1Ω,突变时动态电阻略下降。

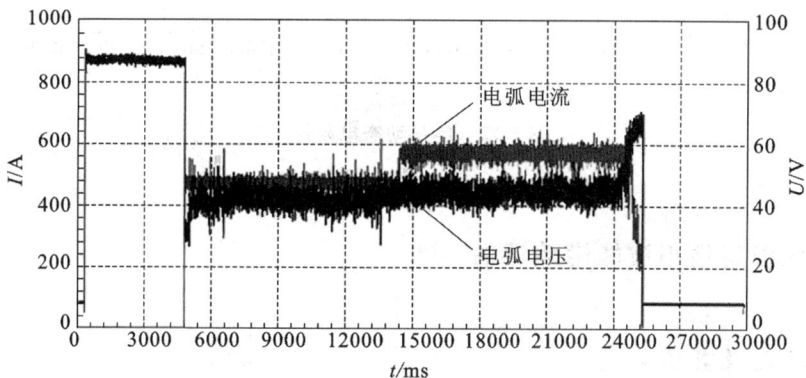

图 5-10　给定电流突变时电流与电压的波形

图 5-11　焊接过程电弧电流突变对应的焊缝外观

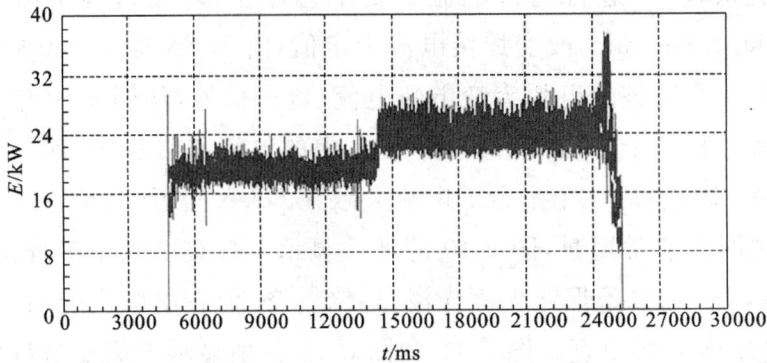

图 5-12　给定电流突变时电弧能量的波形

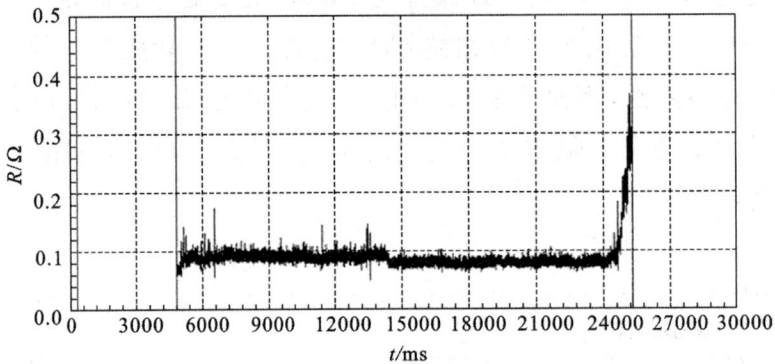

图 5-13　电弧动态电阻波形

5.4.3　电弧稳定性小波能谱熵评估

5.4.3.1　理论及算法

对信号 $x(n)$ 进行上述 J 层小波分解,其中第 j 层分解尺度下的高频细节系数为 $d_j(k)$,低频近似系数为 $a_j(k)$,相应的重构系数分别为 $D_j(k)$ 和 $A_j(k)$。则原始信号 $x(n)$ 可表示为各重构系数之和,即

$$x(n) = \sum_{j=1}^{J} D_j(n) + A_J(n) \tag{5-30}$$

为了统一符号,将上式中的 $A_J(n)$ 用 $D_{J+1}(n)$ 代替即可得到:

$$x(n) = \sum_{j=1}^{J+1} D_j(n) \tag{5-31}$$

根据以上分析过程,定义基于小波变换多分辨率分析的小波能量谱在某尺度

j 下的值为该尺度下重构系数的平方和,即

$$E_j = \sum_{k=1}^{N} |D_j(k)|^2 \quad (j = 1, 2, \cdots, J+1) \tag{5-32}$$

其中,N 为采样点长度,$D_j(k)(k=1,2,\cdots,N)$ 为尺度 j 下小波重构系数。

在信息论中,熵用来表示信源输出的平均信息量的大小,它能提供信号潜在的动态过程的有用信息,其大小是对信号平均不确定性和复杂性的度量。香农信息熵定义如下:

$$H(X) = -\sum_{j=1}^{L} p_j \log_2 p_j, p_j \in [0,1] \tag{5-33}$$

式中,p_j 代表信号的取值改了,且满足

$$\sum_{j=1}^{L} p_j = 1 \tag{5-34}$$

信息熵值是对信号不确定性的度量,可以用来估计信号的复杂性,熵值越大,表示信号越复杂或者越不稳定。

基于 Shannon 熵概念的谱熵(Spectral Entropy)同样是一种复杂度的分析指标,所分析信号的功率谱中存在的谱峰越窄、谱熵越小,表示信号波形的变化越有规律、复杂度越小;反之,功率谱越平坦、谱熵越大,信号的复杂度越大。计算谱熵的常用方法是采用快速傅里叶变换(Fast Fourier Transform,FFT)估计信号功率谱,然后计算谱熵,但基于 FFT 变换的功率谱估计只能反映信号段的平均功率分布,不包含信号的任何时域变化信息,并且谱估计的频率分辨率与所采用的信号长度成正比,用短时间窗的信号作谱估计将降低其频率分辨率。用小波变换(Wavelet Transform,WT)代替 FFT 变换可以定义各种熵,统称为小波熵。小波变换可以在频域和时域同时定位分析非平稳时变信号,因此可以得到信号在时域的动态变化信息,在此基础上定义的各种小波熵可以表征信号复杂度在时域的变化情况,也可以表征信号的诸多频域特征,小波能谱熵就是其中之一。

小波能谱熵小波能谱分析与信息熵原理相结合的产物,其基本思想是将小波系数矩阵处理成一个概率分布序列,用该序列的熵值来反映这个系数矩阵的稀疏程度,即被分析信号概率分布的有序程度。信号经过小波变换后,假设每一个尺度为一个信号源,那么,每个尺度上的小波重构系数相当于一个信源发出的消息。这样,根据小波变换的重构系数的能谱,即可计算信号的小波能谱熵,即多尺度下的小波能谱熵。

设 $E = E_1, E_2, \cdots, E_J$,为信号 $x(n)$ 在 J 个尺度上的小波能谱,则在尺度域上

E 可以形成对信号能量的一个划分。由正交小波变换的特性可知,在某一时间窗内,信号的总功率 E 等于该窗内各尺度下分量功率 E_j 之和。因此,针对传统熵只能表征一个信号在整个时间段上的不确定性,而无法分析非平稳信号的局部不确定特征的问题。本文定义了一个滑动窗,计算窗口内各尺度小波重构系数的能谱熵,观察小波能谱熵跟随窗口滑动的变化情况。首先将信号进行 J 层小波分解,在尺度 j 下,多分辨率分析的小波重构系数为 $D_j(k)$,在此小波重构系数上定义一滑动时窗,窗长为 L,滑动步长为 δ,然后计算每个尺度下某一时窗内信号的小波能谱为:

$$E_j = \sum_{k=1}^{L} |D_j(k)|^2 \tag{5-35}$$

时窗内信号的总能量等于各个尺度分量的能量之和,即

$$E_{\text{total}} = \sum_{j=1}^{J+1} E_j \tag{5-36}$$

则时窗内每个尺度信号的相对能量为:

$$p_j = \frac{E_j}{E_{\text{total}}} \tag{5-37}$$

式(5-37)中,p_j 表征了不同尺度的能量分布情况。由于 $\sum\limits_{j=1}^{J+1} p_j = 1$,$p_j \in [0,1]$,满足广义分布条件,用其代替式(5-33)中香农信息熵里的概率 p_j,对数以 2 为底,即可得到信号 $x(n)$ 在时窗内的小波能谱熵的表达式:

$$W_{\text{E}} = -\sum_{j=1}^{J+1} p_j \log_2 p_j \tag{5-38}$$

随着时窗的滑动,可以得到小波能谱熵随时间的变化规律。

5.4.3.2　应用

(1) 不同频率下的电弧电流信号的计算与分析

试验采用 MZE1000 交流方波埋弧焊机,进行埋弧焊接平铺试验,工件材料为低碳钢,板厚 20mm,焊丝牌号为 H08A,直径 4.0mm,焊剂 HJ431。分别改变焊接参数,利用基于霍尔效应的电流传感器和基于以太网的高速数据采集卡进行电流信号采集。采样频率为 25kHz,每个焊接过程采样 20s,从中截取 5s 即 125000 个数据点来进行小波能谱熵的计算。

图 5-14～图 5-17 给出了在给定电压为 40V、电流 400A、焊丝干伸长为 20mm、焊接速度 1.0m/min 的条件下,不同焊接电流波形频率的焊接电弧电流波

形。其中图 5-14～图 5-17中图(a)为采样时间为 5s 的波形,图 5-14～图 5-17 中图(b)为相应波形的 0.1s 局部放大效果。

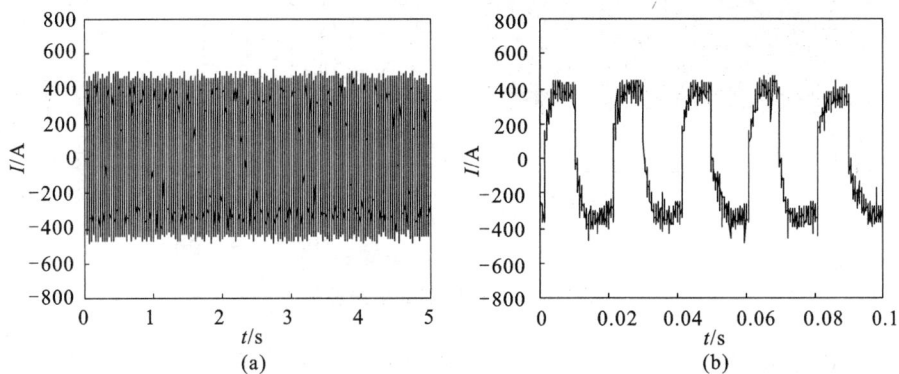

图 5-14　50Hz 下的电流波形

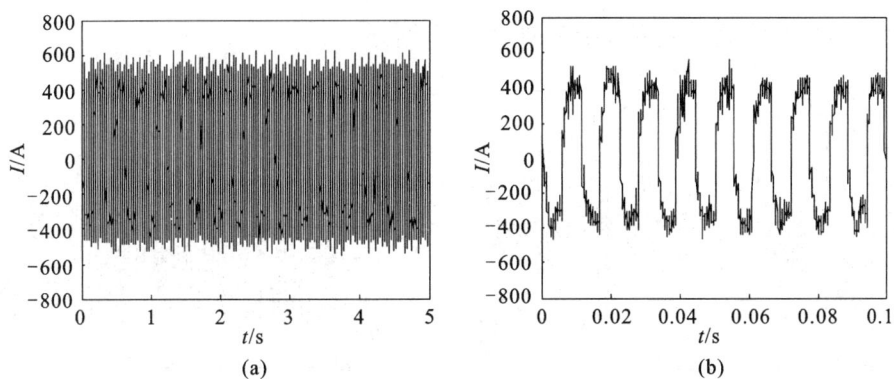

图 5-15　80Hz 下的电流波形

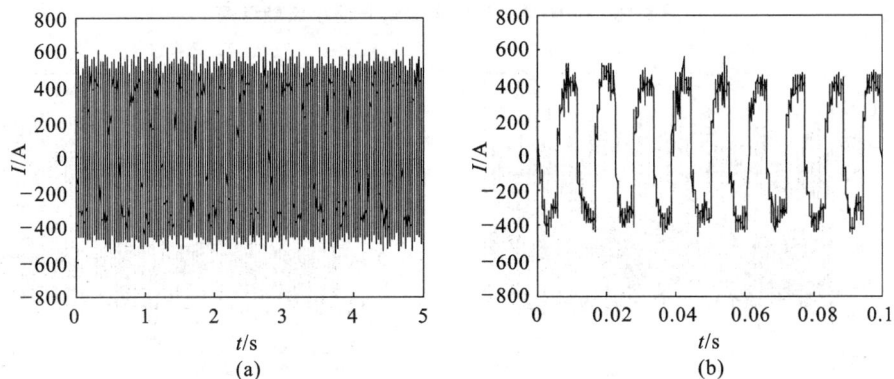

图 5-16　100Hz 下的电流波形

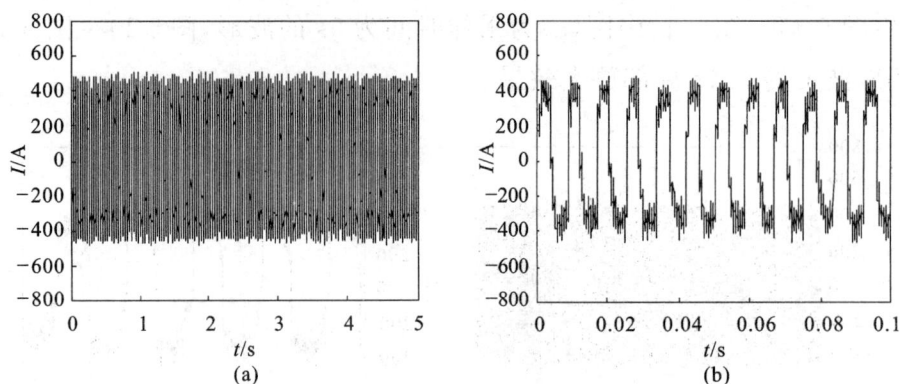

图 5-17   120Hz 下的电流波形

选取一滑动时窗,窗长 $L=1000$(数据点数,一般不标单位),滑动步长 $\delta=1$,对以上四组不同频率下的焊接电流采样信号进行小波能谱熵分析,绘出各自小波能谱熵随时间的变化曲线,分别如图 5-18、图 5-19 所示,然后计算不同频率下所得电流信号小波能谱熵的均值,结果如表 5-1 所示。

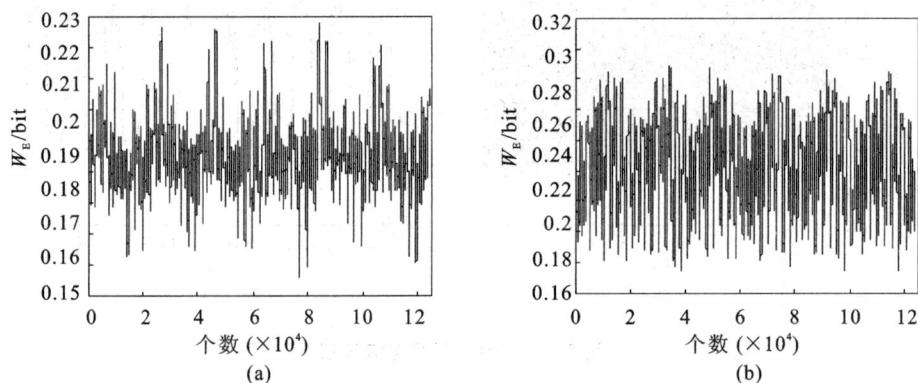

图 5-18   50Hz 和 80Hz 电流信号的小波能谱熵

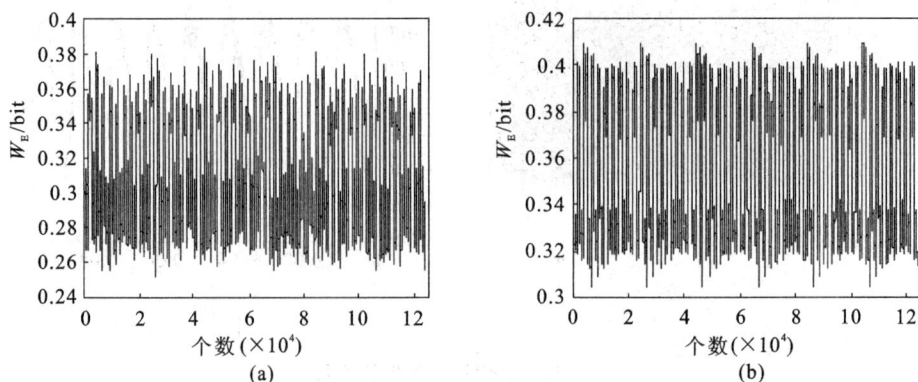

图 5-19   100Hz 和 120Hz 电流信号的小波能谱熵

表 5-1 不同频率下的焊接参数及电流信号的小波能谱熵均值

频率 f/Hz	电弧电流 I/A	电弧电压 U/V	占空比 D	焊丝直径/mm	焊丝干伸长/mm	W_E/bit
50	738	37	0.5	4	22	0.1852
80	740	38	0.5	4	22	0.2243
100	742	37	0.5	4	22	0.3074
120	745	37	0.5	4	22	0.3536

比较图 5-14～图 5-17 可知，随着电流频率的增加，焊接过程的稳定性变得更好，电流信号变得更加有规则、焊接过程无短路、无断弧、焊接过程稳定、焊缝成形好。从图 5-18、图 5-19 不同频率下电流信号的小波能谱熵波形可以看出，随着频率的不断增大，小波能谱熵的波动越来越有规则，说明随着频率的增加，电流信号变得更加稳定。表 5-1 是不同频率下的焊接参数及电流信号小波能谱熵的均值，随着频率的不断增加，小波能谱熵的均值不断增大，这是由小波能谱熵的性质决定的，因为频率越高，信号的熵值就会越大，但这并不影响其对信号稳定性的评估。因此，在相同占空比、不同电流波形频率下，小波能谱熵可以作为一种交流方波埋弧焊电弧稳定性的判据。

（2）不同占空比下电流信号的计算与分析

在给定电压 40V、电流正负幅 400A、焊丝干伸长 20 mm、焊接速度 1.0m/min 基本保持不变的条件下，逐渐增大焊接电流波形占空比的焊接电弧电流波形如图 5-20～图 5-26 所示，从图 5-20～图 5-26 中可见这些焊接过程基本上都是处于稳定状态。

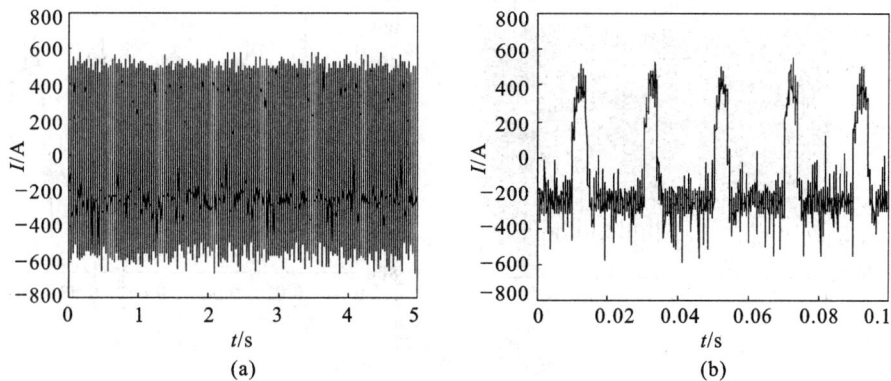

图 5-20 占空比为 0.2 时采集的电流信号

(a)5s 采样;(b)0.1s 的放大

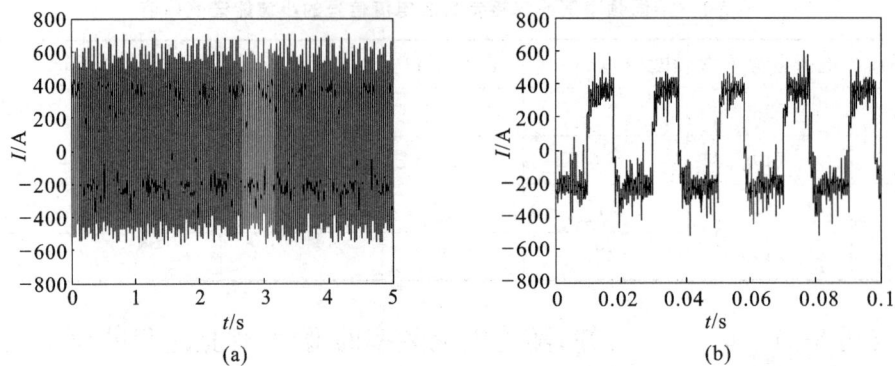

图 5-21　占空比为 0.3 时采集的电流信号

（a)5s 采样；(b)0.1s 的放大

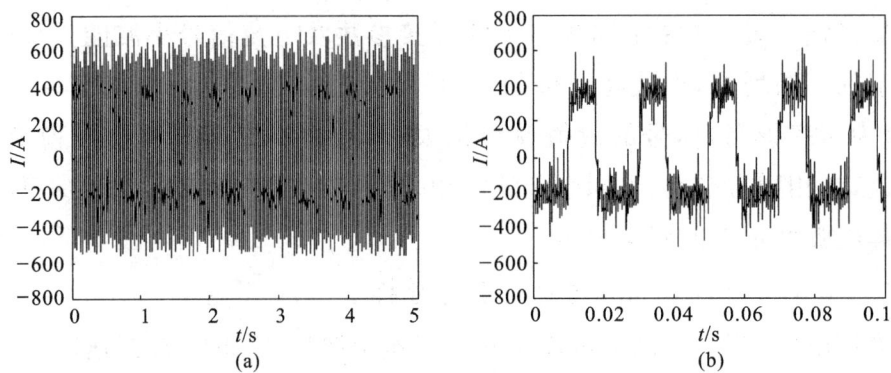

图 5-22　占空比为 0.4 时采集的电流信号

（a)5s 采样；(b)0.1s 的放大

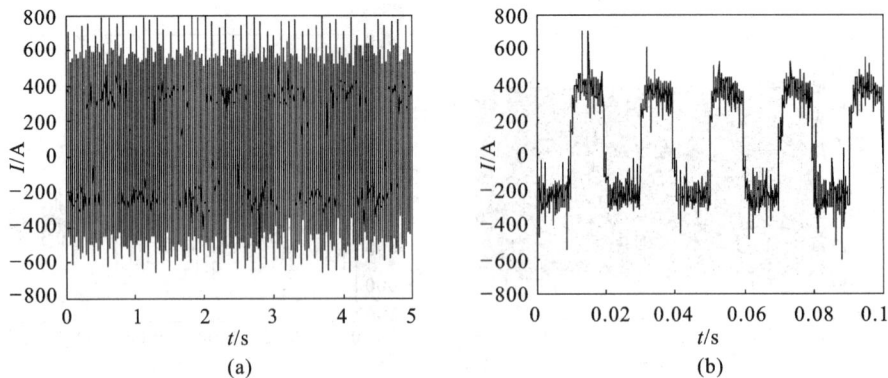

图 5-23　占空比为 0.5 时采集的电流信号

（a)5s 采样；(b)0.1s 的放大

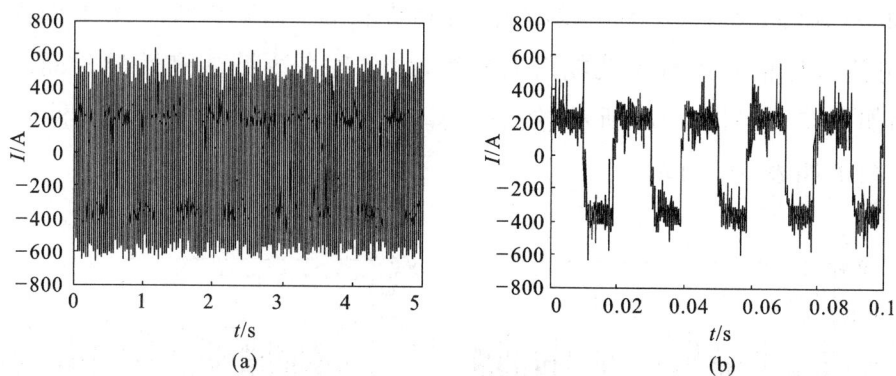

图 5-24　占空比为 0.6 时采集的电流信号

(a)5s 采样;(b)0.1s 的放大

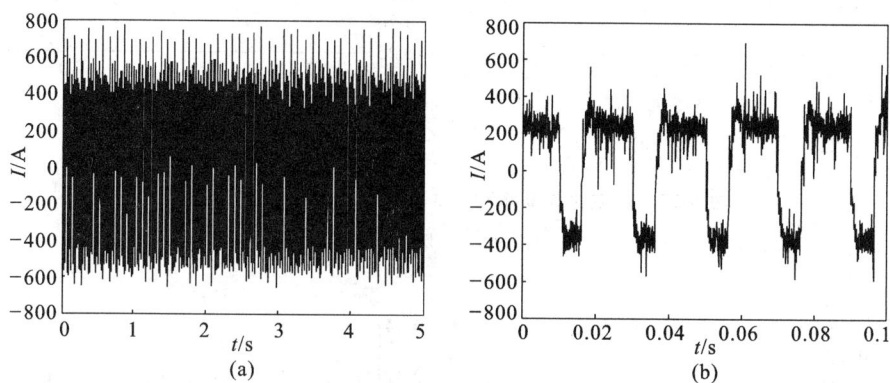

图 5-25　占空比为 0.7 时采集的电流信号

(a)5s 采样;(b)0.1s 的放大

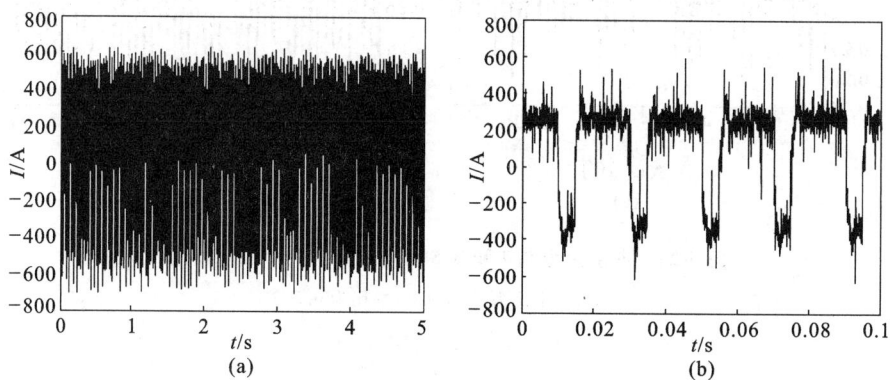

图 5-26　占空比为 0.8 采集的电流信号

(a)5s 采样;(b)0.1s 的放大

　　选取一窗长 $L=1000$ 的滑动时窗,滑动步长 $\delta=1$,对以上七组不同占空比下的焊接电流采样信号进行小波能谱熵分析,绘出各自小波能谱熵随时间的变化曲线,分别如图 5-27～图 5-30 所示,然后计算不同频率下所得电流信号小波能谱熵的均值,结果如表 5-2 所示。

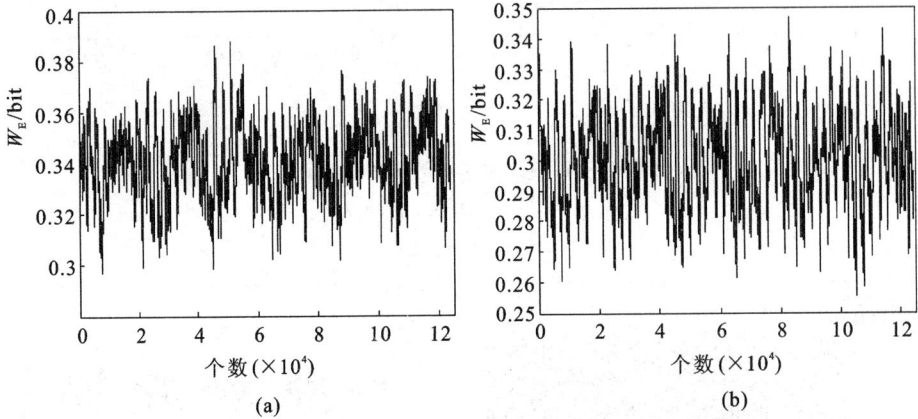

图 5-27　占空比为 0.2 和 0.3 时电流信号的小波能谱熵

(a)占空比为 0.2;(b)占空比为 0.3

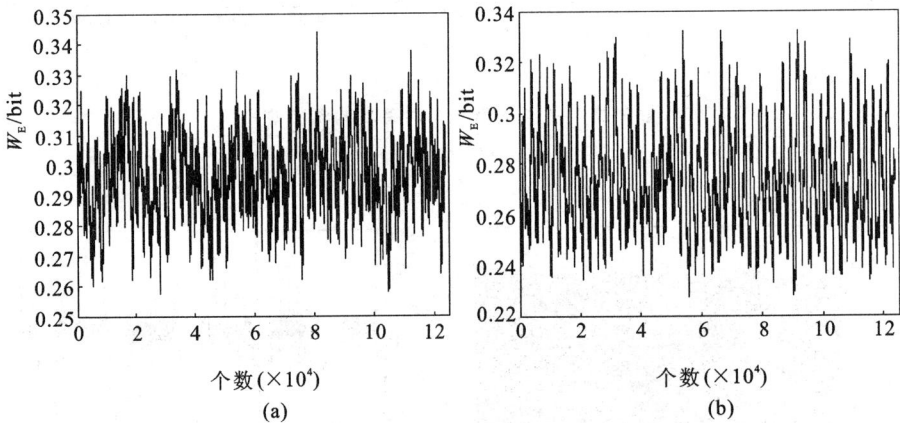

图 5-28　占空比为 0.4 和 0.5 时电流信号的小波能谱熵

(a)占空比为 0.4;(b)占空比为 0.5

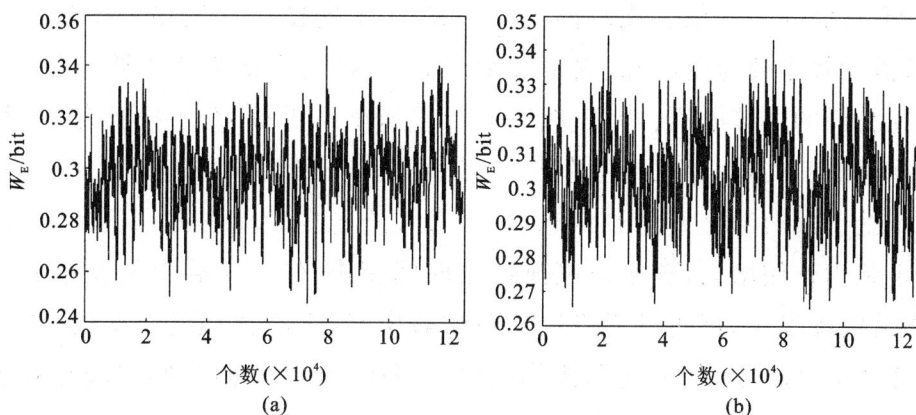

图 5-29 占空比为 0.6 和 0.7 时电流信号的小波能谱熵

(a)占空比为 0.6;(b)占空比为 0.7

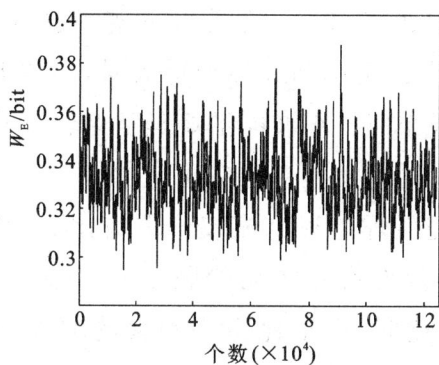

图 5-30 占空比为 0.8 时电流信号的小波能谱熵

表 5-2 不同占空比下的焊接参数及电流信号小波能谱熵计算结果

占空比 D	电弧电流 I/A	电弧电压 U/V	频率 f/Hz	焊接直径/mm	焊丝干伸长/mm	W_E/bit
0.2	643	37	50	4	22	0.3414
0.3	640	37	50	4	22	0.3006
0.4	632	36	50	4	22	0.2971
0.5	651	38	50	4	22	0.2736
0.6	644	38	50	4	22	0.2968
0.7	638	37	50	4	22	0.3025
0.8	635	37	50	4	22	0.3332

表 5-2 给出了电流波形在相同频率 50Hz、不同占空比下焊接参数与小波能谱熵均值的计算结果,其中电弧电流、电压是指实际采集的焊接电流、电压信号的正

负半波幅-幅值的平均值。比较图 5-20~图 5-26 的图(a),发现焊接过程较为稳定,电流波动较小的为图 5-22、图 5-23 和图 5-24,即占空比为 0.4、0.5 和 0.6。这是由于在相同的焊接电流、电压、频率和焊接速度下焊接时,占空比较小时,负半波电弧作用时间长,对焊丝熔化作用较大,而电弧正半波作用时间较短,从而使得焊丝熔滴处于大熔滴渣壁过渡状态,焊接过程不稳定。随着占空比的增大,电弧正半波电弧力作用增大,负半波电弧作用时间变小,焊丝熔滴由大变小并由渣壁过渡,电流波动变小,焊接过程稳定。在试验中,当占空比达到 0.7 时,由于正半波电弧作用时间增多,负半波电弧作用时间减少,从而使得焊丝熔滴在长大过程中伴随部分熔滴由渣壁过渡,这时电弧挺度较小,电流波动变大。只有在电流波形正负半波作用时间匹配时,焊丝熔化与过渡达到一种平衡,焊接过程最为稳定,电流波动最小,所以占空比为 0.4~0.6 是在此给定电压下的最佳焊接参数。由表 5-2 可知,占空比为 0.4、0.5 和 0.6 的小波能谱熵也最小。

由表 5-2 可知,在占空比由小到大逐渐增大时,小波能谱熵是逐渐减小的,直到占空比为 0.5 时达到最小值。小波能谱熵是复杂性的度量,所以当电流波形越规则时小波能谱熵越小。同时发现在占空比超过 0.5 后,小波能谱熵又开始逐渐增大。这表明交流方波埋弧焊过程电流波形占空比是影响信号小波能谱熵的一个因素,与焊接过程的稳定性有着密切的联系。焊接过程越稳定小波能谱熵越小。实际上,在较低占空比时,占空比由小到大的增加,是稳定性增加的一个表征,因为此时是由不稳定的大熔滴渣壁过渡状态逐渐转变为稳定的熔滴渣壁过渡的过程。因此,在焊接电流、电压一定,不同电流波形占空比下,小波能谱熵可作为交流方波埋弧焊过程稳定性的评判标准。

参 考 文 献

[1] 胡广书.现代信号处理教程[M].北京:清华大学出版社,2004.

[2] 李来善,陈善本.小波分析及其在焊接中的应用[J].电焊机,2003,33(11):1-4.

[3] 洪波,袁灿,潘际銮,等.电弧传感器小波信号处理系统[J].焊接学报,2005,26(1):61-63,68.

[4] WANG D,ZHOU Y H. Weld defect extraction based on adaptive morphology filtering and edge detection by wavelet analysis[J]. Chinese journal of electronics,2003,12(3):335-339.

[5] 张晓囡,李俊岳,黄石生.基于小波分析的 CO_2 弧焊电源工艺动特性的评定[J].机械工程学报,2002,38(1):112-116.

[6] 马跃洲,张鹏贤,梁卫东.小波包分解 Welch 平均法在焊接电弧声功率谱估计中的应用[J].甘肃兰州工业大学学报,2001,27(2):5-8.

[7] 薛家祥,易志平,方平,等.焊接过程电信号虚拟分析仪的研究[J].机械工程学报,2004,40(2),60-63.

[8] 李桓,陈育浩,薛海涛,等.焊接电弧电信号滤波方法的选用[J].焊接,2003,11:29-32.

[9] HE K F,WU J G,LI X J. Wavelet analysis for electronic signal of submerged arc welding process[J]. Shanghai University of engineering science,China,2011,1139-1143.

[10] 周漪清,薛家祥,何宽芳,等.埋弧焊方波电弧信号的指数衰减型阈值消噪[J].焊接学报,2011,32(6):5-9.

[11] 周漪清,王振民,薛家祥.电弧故障信号的小波检测与分析[J].电焊机,2012,42(1):47-49.

[12] LI X J,LI Q,HE K F,et al. Arc stability analysis of square wave alternating based on wavelet energy entropy[J]. Journal of convergence information technology,2012,7(22):710-718.

[13] 胡昌华,李国华,刘涛,等.基于 Matlab 6.X 的系统分析与设计——小波分析[M].西安:西安电子科技大学出版社,2004.

[14] 胡昌华,周涛,夏启兵,等.基于 Matlab 的系统分析与设计——时频分析[M].西安:西安电子科技大学出版社,2002.

[15] MALLAT S,HWANG W L. Singularity detection and processing with wavelets[J]. IEEE transcations on information theory,1992,38(2):617-643.

[16] MALLAT S. A theory for Multiresolution signal decomposition:The wavelet representation[J]. IEEE transcations on pattern analysis and machine intelligence theory,1989,11(7):674-693.

[17] MALLAT S. Multiresolution approximations and wavelet orthonormal bases of $L^2(R)$[J]. Transaction of the American mathematical society,1999(315):69-87.

［18］丁爱玲,石光明,郑春红,等. 最优匹配小波的构造［J］. 自然科学进展,2004,
　　　14(12):1469-1474.

［19］DAUBECHIES I. The wavelet transform, time-frequency localization and
　　　signal analysis［J］. IEEE transactions on information theory,1990,36(5):
　　　961-1005.

6 埋弧焊电弧电信号 EMD 分析

经验模态分解法(EMD)是一种适合于分析非线性、非平稳信号序列的自适应分解方法。用经验模态分解方法把信号分解成一系列的本征模态函数(IMF),所分解出来的各 IMF 分量包含了原信号的不同时间尺度的局部特征信号,对这些 IMF 分量进行 Hilbert 变换,从而可以得到时频平面上能量分布的 Hilbert 谱图,获取有物理意义的频率成分。与短时傅里叶变换、小波分解等方法相比,该方法具有更为直观、直接、后验和自适应的优点。作为一种新型的非线性、非平稳信号的分析方法,EMD 已经在故障检测、焊接领域得到了应用与验证,与传统的分析方法相比有更高的准确度[1-7]。将 EMD 应用于焊接电弧能量信号特征分析与提取,利用 EMD 分解的 IMF 与原始信号的相关系数作为判断标准,剔除高频及多余的低频 IMF,不仅可消除多余 IMF 的影响,还可有效实现电弧电信号的消噪;同时,选取有效的 IMF 集进行 Hilbert 变换,可以描述电弧的时频能量分布特征且具有较高的时频分辨率和时频聚集性,在此基础上进行能量熵的计算,可以定量刻画埋弧焊焊接过程电弧能量的稳定程度。

6.1 理论及算法

经验模态分解法是一种全新的信号时频分析方法,它是利用信号内部时间尺度的变化做能量与频率的解析,可以将非线性、非平稳态的信号自适应地分解为有限数目的线性、稳态的本征模态函数分量(Intrinsic Mode Function,IMF),使得各模态分量都能分解成一个个的窄带信号,但同时要求模态分量在分解生成时要严格满足下面的两个条件[8]:

(1)在整个待分解信号的长度上,极值点和过零点的数目相等或者最多只相

差一;

（2）在任意时刻,由局部极大值点构成的上包络线和局部极小值点构成的下包络线的均值必须为零,即信号的上下包络线关于时间轴对称。

上面分解得到的模态函数其实就是 Fourier 变换中使用的正弦或余弦的基函数,分解得到的模态分量是依据待分解信号自身的局部时变特性生成,因此采用经验模态分解方法对信号分解,就没有人为因素的参与,更不用为基函数的性能和匹配问题而烦恼,并能有效改善时频分析中基函数转换的性能,从而得到非常精确的信号分解结果,客观地反映出待分解信号原有特性。

经验模态分解的整个过程被称为迭代筛选过程,具体筛选算法步骤如下:

先自动计算出待分解信号 $x(t)$ 的全部极值点,然后对极大值和所有极小值点使用三次样条插值拟合法,分别拟合出原信号的上下拟合包络线 $u(t)$ 和 $v(t)$,两者满足关系:

$$v(t) \leqslant x(t) \leqslant u(t) \tag{6-1}$$

则上下包络线的平均曲线 $m(t)$ 为:

$$m(t) = \frac{1}{2}[u(t) + v(t)] \tag{6-2}$$

在理论上,用 $x(t)$ 减掉 $m(t)$ 后剩余部分就是一个模态函数,用 $h_1(t)$ 表示,即:

$$h_1(t) = x(t) - m(t) \tag{6-3}$$

实际应用计算时,三次样条包络拟合线的样条逼近会有过冲和欠冲现象的出现,难免会使新生成的极值点影响原本信号的极值的位置和大小,而实际意义下的经验模态分解中并没有完全满足模态函数生成的两个条件。为了得到满足要求的模态函数,进一步用 $h_1(t)$ 代替 $x(t)$,与 $h_1(t)$ 相应的上下包络线为 $u_1(t)$ 和 $v_1(t)$,重复上述过程,即:

$$m_1(t) = \frac{u_1(t) + v_1(t)}{2} \tag{6-4}$$

$$h_2(t) = h_1(t) - m_1(t) \tag{6-5}$$

$$m_{k-1}(t) = \frac{u_{k-1}(t) + v_{k-1}(t)}{2} \tag{6-6}$$

$$h_k(t) = h_{k-1}(t) - m_{k-1}(t) \tag{6-7}$$

直到所有的 $h_k(t)$ 满足模态函数条件,此时分解得到了第一个模态分量,即 $c_1(t)$ 和分解余下的部分 $r_1(t)$,可以表示如下:

$$c_1(t) = h_k(t) \qquad (6\text{-}8)$$

$$r_1(t) = x(t) - c_1(t) \qquad (6\text{-}9)$$

将分出第一个模态分量之后余下的部分 $r_1(t)$ 重新使用经验模态分解方法进行分解筛分,分解到最后的结果应该是使余下部分的信号为单调函数或者是小于某一预先设定值,这时待分解信号分解完,得到的全部模态函数和余量表示如下:

$$\left.\begin{array}{l} r_1(t) - c_2(t) = r_2(t) \\ r_2(t) - c_3(t) = r_3(t) \\ \cdots\cdots\cdots \\ r_{n-1}(t) - c_n(t) = r_n(t) \end{array}\right\} \qquad (6\text{-}10)$$

此时,原待测信号 $x(t)$ 可以用模态函数和余量简化,表示如下:

$$x(t) = \sum_{i=1}^{n} c_i(t) + r_n(t) \qquad (6\text{-}11)$$

在进行以筛分为本质的经验模态分解时,满足前述模态分量的第一个筛选条件,能有效除去附加干扰波的影响;而第二个条件常常很难满足,所以在实际使用中,必须采用一定的筛分标准来完成筛分过程,Huang 等人在算法使用中采用一个人为限制的标准差 S 来完成筛分过程,标准差可以表示为:

$$S = \sum_{k=1}^{n} \left[\frac{|h_{1(k-1)}(t) - h_{1k}(t)|^2}{h_{1(k-1)}^2(t)} \right] \qquad (6\text{-}12)$$

式中 S 值一般是被设置为 $0.2 \sim 0.3$,当然也可设定筛选得到的上下包络均值为标准来确定是否终止经验模态分解的筛分过程。

在经验模态分解的筛分过程中,筛分度量是以信号极值特征,将信号从最小的尺度开始筛分,首先得到频率最高而周期最短的模态分量,接下来,信号被一层一层地筛分,得到了频率逐渐减小而周期不断变大的一系列模态分量,上述筛分过程也可以理解为信号的多分辨分析滤波。

对采集的一组交流方波埋弧焊电流信号 $x(t)$ 进行 EMD 分解,结果见图6-1。

从图 6-1 中可以看出,EMD 分解得到的 IMF 分量 C_1、C_2、$\cdots$、C_{10} 对应信号从高到低不同频率成分,每个 IMF 分量表现信号内的真实物理信息。这样通过 EMD 分解,可方便地选取有效的 IMF 分量进行后续分析与处理。

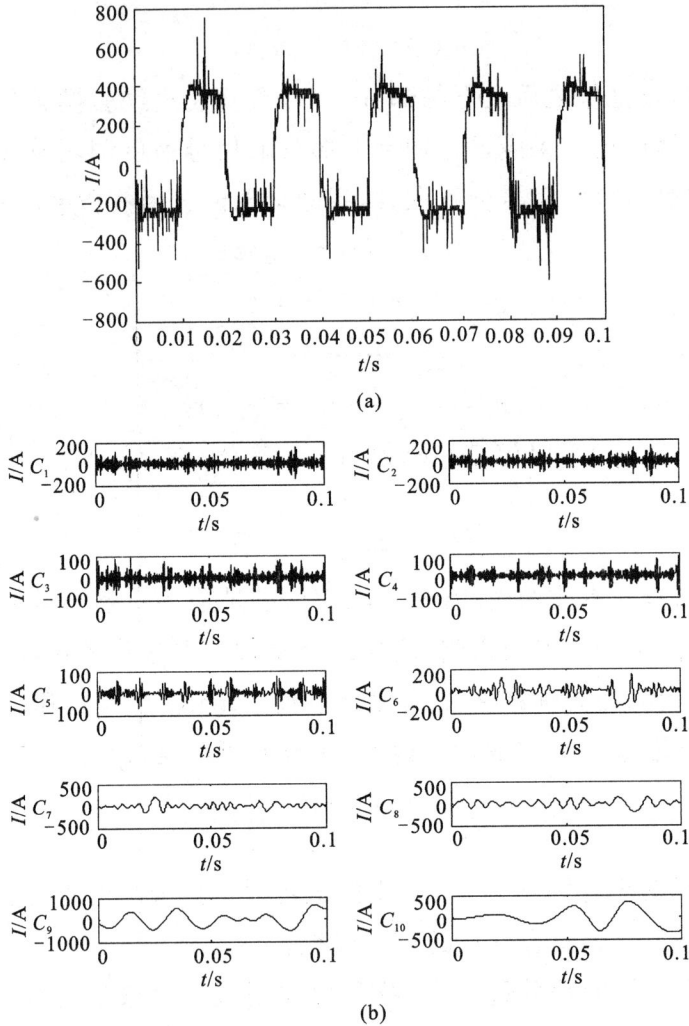

(a)

(b)

图 6-1　交流方波埋弧焊电流信号及 EMD 分解结果
（a）交流方波埋弧焊电流信号 $x(t)$；（b）EMD 分解结果

6.2　HHT 变换及时频熵

经验模态分解法（EMD）和与之相应的 Hilbert 谱统称为 Hilbert-Huang 变换。EMD 可以将信号分解为若干个内模式分量之和及一个剩余分量 r_n，如式（6-11）所示，忽略剩余分量 r_n，对式（6-11）中的每个内禀模态函数 $c_i(t)$ 做 Hilbert 变换得到：

$$\hat{c}_i(t) = \frac{1}{\pi} \int_{-\infty}^{\infty} \frac{c_i(\tau)}{t-\tau} d\tau \tag{6-13}$$

构造解析信号为：

$$z_i(t) = c_i(t) + j\,\hat{c}_i(t) = a_i(t) e^{j\varphi_i(t)} \tag{6-14}$$

于是得到幅值函数和相位函数，分别如式（6-15）和式（6-16）所示：

$$a_i(t) = \sqrt{c_i^2(t) + \hat{c}_i^2(t)} \tag{6-15}$$

$$\varphi_i(t) = \arctan \frac{\hat{c}_i(t)}{c_i(t)} \tag{6-16}$$

进一步可以求出瞬时频率如下：

$$f_i(t) = \frac{1}{2\pi} \omega_i(t) = \frac{1}{2\pi} \times \frac{d\varphi_i(t)}{dt} \tag{6-17}$$

这样，可以得到：

$$x(t) = RP \sum_{i=1}^{n} a_i(t) e^{j\varphi_i(t)} = RP \sum_{i=1}^{n} a_i(t) e^{j\int \omega_i(t)dt} \tag{6-18}$$

其中 RP 表示取实部。展开式（6-18）称为 Hilbert 谱，记作：

$$H(\omega,t) = RP \sum_{i=1}^{N} a_i(t) e^{j\int \omega_i(t)dt} \tag{6-19}$$

式（6-19）精确地描述了信号的幅值在整个频率段上随时间和频率的变化规律。信号幅值在三维空间表示为时间和瞬时频率的函数，信号幅值也可以表示成时间频率平面的等高线。

图 6-2 为对图 6-1 焊接电流信号计算的伪 Wigner-Ville 分布和 HHT 时频谱，其中，图 6-2(a) 为伪 Wigner-Ville 分布，图 6-2(b) 为 HHT 时频谱。从图 6-2(a)、图 6-2(b) 能清楚地分辨出随时间基本不变的 50Hz 主频率成分，符合 50Hz 交流方波埋弧焊电流信号中瞬时频率及幅值的变化规律，但从图 6-2(b) 中时频分布图可以看出图 6-2(a) 的分辨率相对较低。比较图 6-2(a) 和图 6-2(b) 可知，HHT 时频谱反映了整个焊接电流信号序列在 0.1s 的时间内明暗变化了 10 次，对应于交流方波的正负半波，能准确地反映信号的频率、幅值变化规律，具有较高的时频聚集性，更好地表征了信号的主频率成分及其瞬时变化特性。

将信息熵引入时频分析的思路和进行时频熵计算的方法是将时频平面等分为 N 个面积相等的时频块，每块内的能量为 $W_i(i=1,2,\cdots,N)$，整个时频平面的能量为 A，对每区块进行能量归一化，得 $q_i = W_i/A$，于是有 $\sum_{i=1}^{N} q_i = 1$，符合计算信

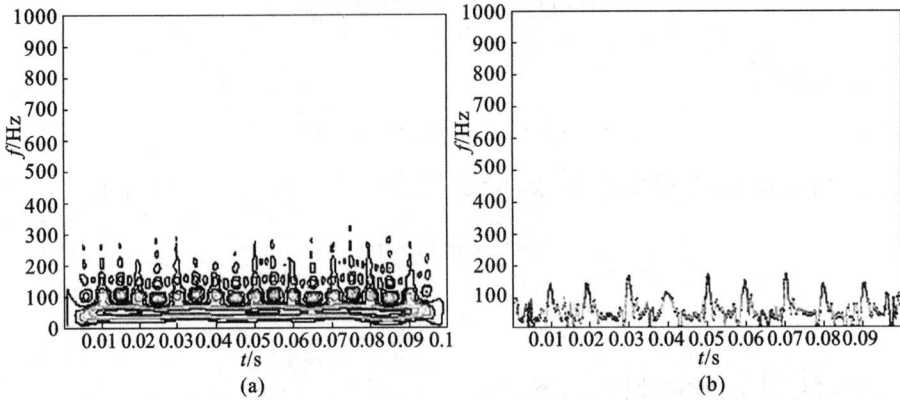

图 6-2　对图 6-1 焊接电流信号计算的伪 Wigner-Ville 分布和 HHT 时频谱

息熵的初始归一化条件。仿照信息熵的计算公式,基于 Hilbert-Huang 变换的时频熵计算公式为:

$$s(q) = -\sum_{i=1}^{N} q_i \log_2 q_i \qquad (6\text{-}20)$$

根据信息熵的基本性质,q_i 分布越均匀,时频熵值 $s(q)$ 越大,反之时频熵值 $s(q)$ 越小。

6.3　基于 EMD 电弧信号的消噪

实际焊接电源工作在强干扰、高压、大电流的复杂恶劣环境中,存在功率开关管的高频切换、整流二极管的冲击、外界辐射等众多干扰因素,因此,焊接电源本身实际输出的电流、电压波形存在畸变,而且现场采集到的信号充满了高频噪声信号,采用 EMD 将信号分解成若干个 IMF,对分解得到的包含高频成分的 IMF 进行剔除,可有效消除高频噪声信号。这里,用相关函数确定每个内禀模态函数 IMF 与原始信号相关性的大小,并以各个 IMF 与 EMD 分解前信号的相关系数为判断依据,选取有效 IMF 集,相关系数越大,说明 IMF 含原信号中的有效成分越高。其相关性计算及判断准则见式(6-21)[9]。

$$r = \frac{\sum_{i=1}^{n} (X_i - \overline{X})(Y_i - \overline{Y})}{\sqrt{\sum_{i=1}^{n} (X_i - \overline{X})^2} \sqrt{\sum_{i=1}^{n} (Y_i - \overline{Y})^2}} \qquad (6\text{-}21)$$

r 表示变量序列 X、Y 的相关系数，r 在 -1 和 $+1$ 之间取值。相关系数 r 的绝对值大小（即 $|r|$），表示两个变量之间的直线相关强度；相关系数 r 的正负号，表示相关的方向，分别是正相关和负相关；若相关系数 $r=0$，称零线性相关，简称零相关；相关系数 $|r|=1$ 时，表示两个变量完全相关。$|r|$ 值越大，相关程度越高。

满足选取 IMF 的条件为：

$$r_i \geqslant \lambda \tag{6-22}$$

其中，r_i 为采集到的埋弧焊电弧能量信号 EMD 分解前原始信号与第 i 个 IMF 的相关系数；λ 为绝对值小于 1 的可选常数（通常 $\lambda < 0.1$ 时信号的相关性已经非常小，故取 $0.1 \leqslant \lambda < 1$）。表 6-1 为各 IMF 与 EMD 分解前信号 $x(t)$ 的相关系数，取 $\lambda = 0.1$，即选取 $r_i > 0.1$。

表 6-1　各个 IMF 与信号 $x(t)$ 的相关系数

IMF	1	2	3	4	5	6
r_i	0.071	0.061	0.06	0.067	0.08	0.112
IMF	7	8	9	10	11	12
r_i	0.212	0.806	0.104	0.312	0.072	0.047

选取 $\text{IMF}_6 \sim \text{IMF}_{10}$ 为有效 IMF 集，并进行信号重构，得到时域图如图 6-3 所示，不仅消除了高频噪声信号，还保留了局部畸变特征，重构后的电流波形非常清晰。

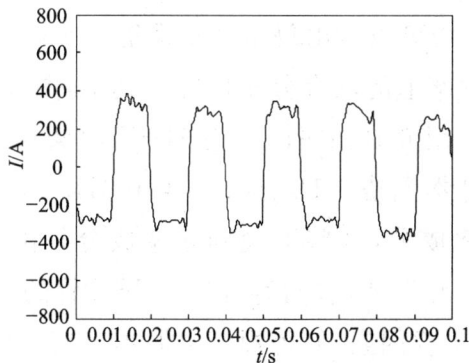

图 6-3　交流方波埋弧焊电流信号
EMD 分解后重构的时域图

6.4　电弧能量特征提取及稳定性评估

6.4.1　埋弧焊电流信号 HHT 变换

采集相应焊接工艺参数的电信号数据。焊接试验工艺参数及焊接结果如表 6-2 所示。图 6-4 是对应每组焊接参数采集到的焊接电流信号及 HHT 时频谱。

表 6-2　焊接试验工艺参数及焊接结果

试验序号	电流/A	电压/V	焊接速度/(m/min)	频率/Hz	占空比	焊接情况
1	630	38	0.6	50	0.3	无短路、断弧,过程不稳定,焊缝成形很差
2	630	38	0.6	50	0.4	无短路、断弧,过程稳定,焊缝成形差
3	630	38	0.6	50	0.5	无短路、断弧,过程稳定,焊缝成形好
4	630	38	0.6	50	0.6	无短路、断弧,过程稳定,焊缝成形差
5	630	38	0.6	50	0.5	无短路、断弧,过程稳定,焊缝成形差
6	680	40	0.8	80	0.5	无短路、断弧,过程稳定,焊缝成形好
7	680	40	0.8	100	0.5	无短路、断弧,过程稳定,焊接成形好

从图 6-4～图 6-10 中可以看出每组试验采集到的焊接电流信号和经 HHT 变换后的幅值在时间和频率上的联合分布情况。其中,图 6-4～图 6～10 中图(a)为焊接电流波形,图 6-4～图 6-10 中图(b)为 HHT 时频谱。从图 6-4 中可以看出,每组信号主频率成分基本围绕50Hz、80Hz 或 100Hz 不变,还存在一些围绕主频随时间波动的其他频率成分,这些不规则频率成分是由于焊接电源工作在强干扰、高压、大电流的复杂恶劣环境中,存在功率开关管的高频切换、整流二极管的冲击、外界辐射等众多干扰因素,使得焊接电源本身实际输出的电流、电压波形发生畸变,引起电流波形畸变的频率成分伴随主频电流波形呈随机分布。电流、电压波形发生畸变的频率成分多少和范围的大小直接影响电弧能量分布情况,进而影响焊缝成形。

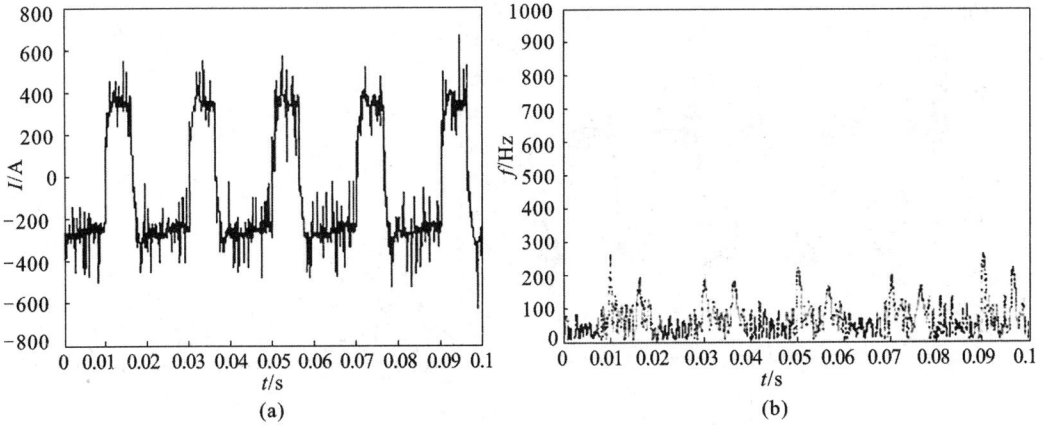

图 6-4 试验序号 1 采集的焊接电流波形及 HHT 时频谱

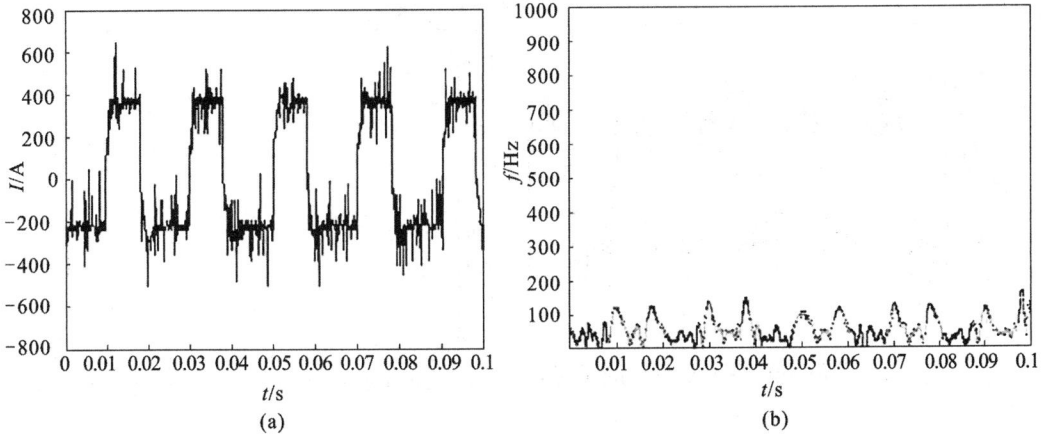

图 6-5 试验序号 2 采集的焊接电流波形及 HHT 时频谱

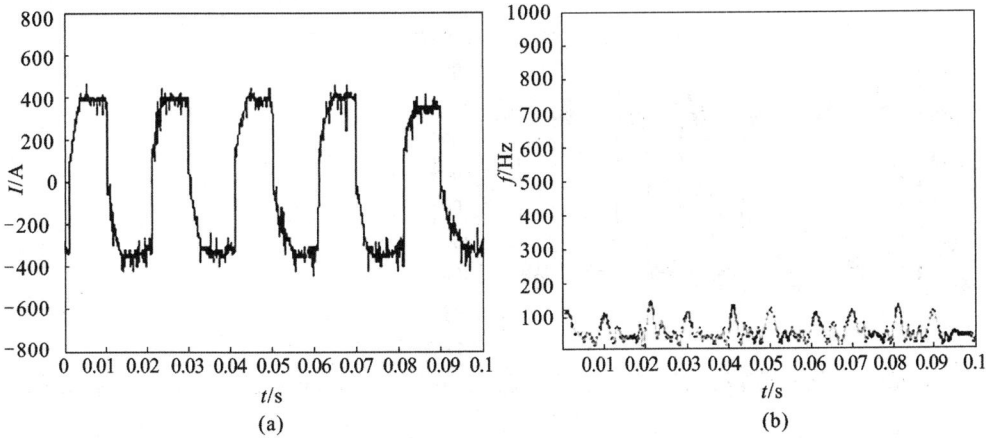

图 6-6 试验序号 3 采集的焊接电流波形及 HHT 时频谱

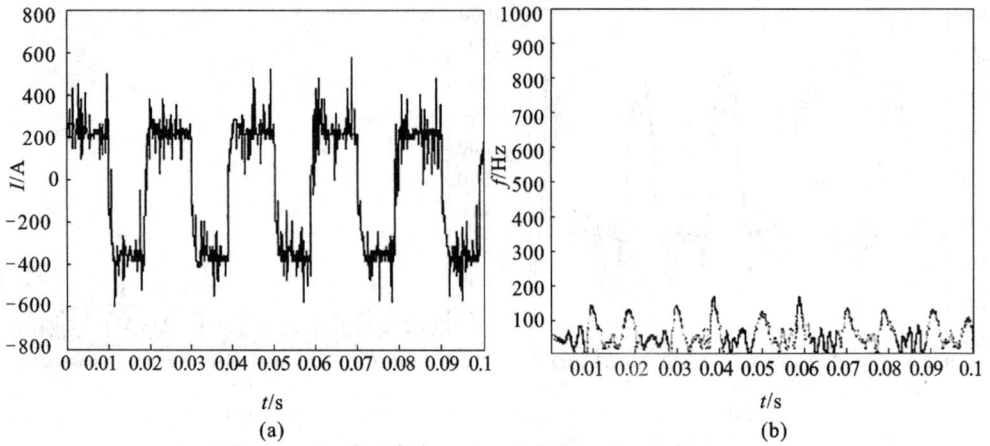

图 6-7　试验序号 4 采集的焊接电流波形及 HHT 时频谱

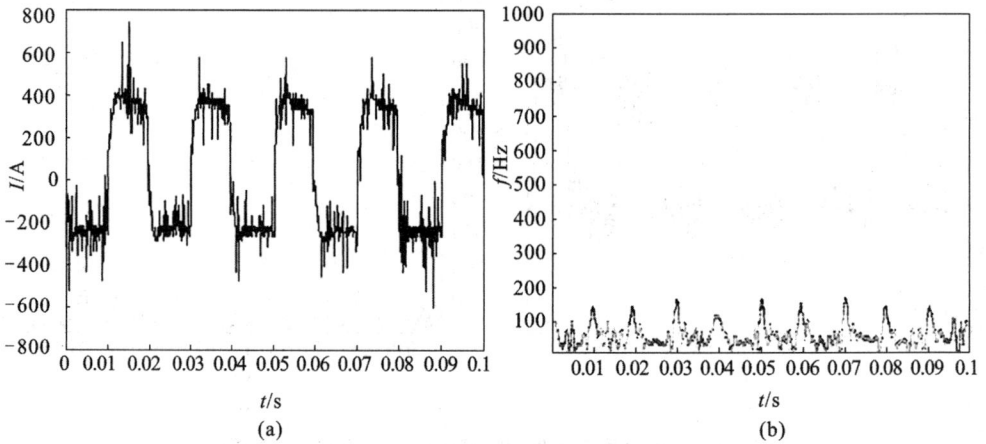

图 6-8　试验序号 5 采集的焊接电流波形及 HHT 时频谱

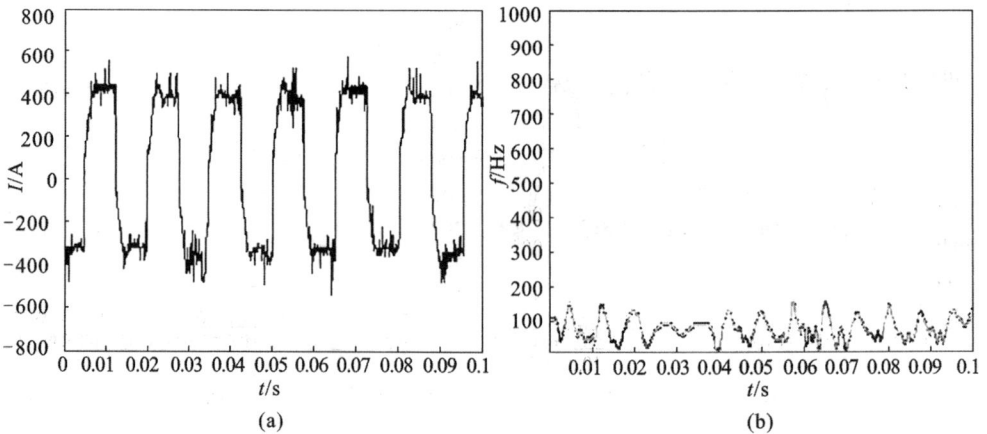

图 6-9　试验序号 6 采集的焊接电流波形及 HHT 时频谱

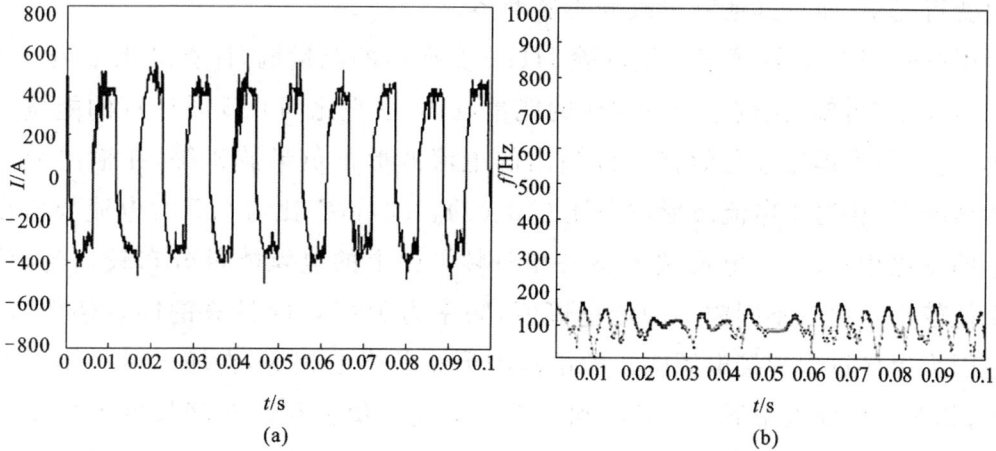

图 6-10　试验序号 7 采集的焊接电流波形及 HHT 时频谱

从图 6-4～图 6-10 中可以看出,不同占空比和频率及焊接速度下,电流信号的时频分布图呈现出来的电弧能量分布物理信息是不同的。试验 1～4 为焊接电流信号在相同频率不同占空比条件下计算的 HHT 时频谱,四组信号的 HHT 时频谱主频率成分基本围绕 50Hz 不变,四组信号的时频分布的不同主要表现在幅值随时间的变化及其他频率成分分布情况。从四组 HHT 时频分布可以看出,电弧能量随着时间变化是不同的,相对电流波形占空比为 0.5,占空比为 0.3、0.4、0.6 的整个序列明暗变化在时间尺度上不呈等长度的分布规律,而且其他频率成分相对较多,表明不同电流波形占空比下的电弧能量分布及大小在时间尺度上是变化的,同时反映出不同占空比电流波形的畸变引起电弧能量分布不均。

试验 5～7 为焊接电流信号在相同占空比不同频率条件下计算的 HHT 时频谱,三组信号的 HHT 时频谱的主频率成分基本围绕 50Hz、80Hz 和 100Hz 不变,电流信号幅值随时间的分布基本没有多少区别,但是三组信号的时频分布的不同主要表现在幅值随频率的变化,从三组 HHT 时频分布可以看出,电弧能量随着频率变化是不同的。随着主频率的增加,其他频率成分相对较少,反映出能量比较集中。

试验 3 和试验 5 为焊接电流信号在相同占空比和频率、不同焊接速度条件下计算的 HHT 时频谱,从两组信号的计算结果来看,它们的 HHT 时频谱主频率成分基本围绕 50Hz 不变,两组信号的时频分布的不同主要表现在幅值随频率和时间的变化。从两组 HHT 时频分布可以看出,电弧能量随着焊接变化是不同的,随着焊接速度的增大,焊接电流信号时频分布表现出幅值在频率和时间上的变化相对变得复杂,而且其他频率成分明显增多。

根据式(6-23),计算了每组试验 HHT 变换后的能量熵,计算结果如表 6-3 所示。由表 6-3可知,比较不同占空比的能量熵值,占空比为 0.5 时计算的能量熵值最小,这是因为焊接过程焊接电源输出的电流波形正负半波相等,在输出频率一样的情况下,相对于电流波形占空比 0.3、0.4、0.6,占空比为 0.5 时电流幅值在时间上的变化相对均匀,电流波形反映在时频平面上的电弧能量分布较均匀,计算的熵值较小。比较不同频率的能量熵值,频率为 100Hz 时计算的能量熵值最小,这是因为焊接过程焊接电源输出的电流波形正负半波相等,在输出频率不同的情况下,相对于电流波形频率 50Hz 和 80Hz,电流幅值在相同时间尺度上的变化相对较小,电流波形反映在时频平面上的电弧能量分布较均匀,计算的熵值较小。

表 6-3　每组试验 HHT 变换后的能量熵

试验号	1	2	3	4	5	6	7
计算熵值	1.613	1.611	1.603	1.609	1.610	1.605	1.604

在相同电流波形参数下焊接时,由表 6-3 可知,随着焊接速度的增大,能量熵值是逐渐减小的,当交流方波频率由 50Hz 调为 80Hz、100Hz,其他焊接参数不变,焊接速度仍为 0.8m/min 时,计算的能量熵值都较大,表明焊接过程电弧稳定、焊缝成形有所改观。这说明在提高焊接速度的同时,适当地提高电流波形频率,可以保证焊接过程电弧稳定,这时计算的时频熵值仍较小。

从上述试验及计算结果来看,改变交流方波埋弧焊焊接电流波形参数占空比、频率和焊接速度,都会导致电弧能量在时域和频域上的分布不同,进而影响焊接过程电弧的稳定性和焊缝成形效果。因此,通过合理选择交流方波埋弧焊焊接电流波形参数占空比、频率,能有效获得电弧能量在时域和频域上的均匀分布,保证焊接过程稳定和获得良好的焊接效果。

6.4.2　埋弧焊电流信号时频熵计算

6.4.2.1　不同占空比的电流信号分析

在给定电压为 38V、电流为 650A、焊丝干伸长为 22mm、焊接速度为 0.6m/min(基本保持不变)的条件下逐渐增加焊接电流波形占空比,进行焊接电弧电流信号采集,以每 5000 个采集数据进行 Hilbert-Huang 变换,将得到的时频平面划分为

100 进行能量熵的计算,那么每个不同占空比下将有 25 个时频熵值,取其平均值 $s_{a,\text{avg}}$。时频熵 s_a 的计算结果如图 6-11 所示。

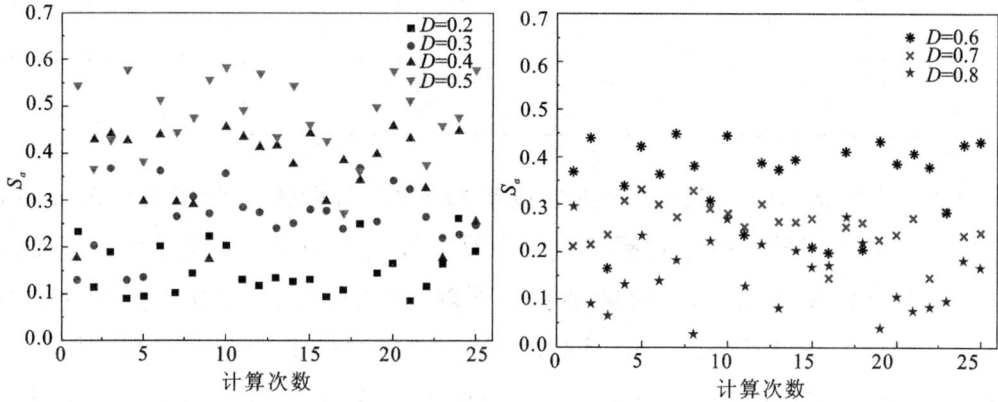

图 6-11 不同占空比下的时频熵波动情况

表 6-4 给出了电流波形在相同频率 50 Hz 下不同占空比时焊接参数与时频熵的计算结果,其中电弧电流、电压是指实际采集的焊接电流、电压信号的正负半波幅-幅值的平均值。由于在相同焊接电流、电压、频率和焊接速度下焊接,占空比较小时,负半波电弧作用时间长,对焊丝熔化作用较大,而电弧正半波作用时间较短,从而使得焊丝熔滴处于大熔滴渣壁过渡状态,焊接过程不稳定。随着占空比的增大,电弧正半波电弧力作用增大,负半波电弧作用时间变短,焊丝熔滴由大变小并由渣壁过渡,电流波动变小,焊接过程稳定。在试验中,当占空比达到 0.7时,由于正半波电弧作用时间过长,负半波电弧作用时间减短,从而使得焊丝熔滴在长大过程中伴随部分熔滴由渣壁过渡,这时电弧挺度较小,电流波动变大。只有在电流波形正负半波作用时间匹配时,焊丝熔化与过渡达到一种平衡,焊接过程最为稳定,电流波动最小,所以占空比为 0.4、0.5 和 0.6 是在此给定电压下的最佳焊接规范。由表 6-4 可知,占空比为 0.4、0.5 和 0.6 的时频熵也最大。

表 6-4 不同占空比下的焊接参数与时频熵

占空比 D	电弧电流 I/A	电弧电压 U/V	频率 f/Hz	焊丝直径/mm	干伸长/mm	$S_{a,\text{avg}}$	$\sigma(S_a)$
0.2	643	37	50	4	22	0.1523	0.00856
0.3	640	37	50	4	22	0.2640	0.006854
0.4	632	36	50	4	22	0.3612	0.004718
0.5	651	38	50	4	22	0.4758	0.002153

续表 6-4

占空比 D	电弧电流 I/A	电弧电压 U/V	频率 f/Hz	焊丝直径/mm	干伸长/mm	$S_{a,avg}$	$\sigma(S_a)$
0.6	644	38	50	4	22	0.3524	0.002805
0.7	638	37	50	4	22	0.2556	0.005625
0.8	635	37	50	4	22	0.1538	0.007562

由表 6-4 可知,在占空比由小到大逐渐增大时,时频熵是先增大后减小的,占空比为 0.5 时达到最大值。时频熵是一个复杂性的度量,电流波形越为规则时频熵越大。占空比超过 0.5 后,时频熵有所下降,这表明交流方波埋弧焊过程电流波形占空比是影响时频熵的一个因素,与焊接过程的稳定性有着密切的联系。焊接过程越稳定,时频熵越大。实际上,在较低占空比时,占空比由小到大的增加,是稳定性增加的一个表征,因为此时是由不稳定的大熔滴渣壁过渡状态逐渐转变为稳定的熔滴渣壁过渡的过程。因此,在给定焊接电流、电压一定,不同电流波形占空比下,时频熵能作为交流方波埋弧焊过程稳定性的评判标准。

从时频熵的计算过程看,如果交流方波埋弧焊过程越稳定,波动越小,那么时频熵的波动也就越小,图 6-11 给出的是时频熵的计算过程波动情况,发现在较低和较高的占空比下,时频熵的波动都较大,时频熵的标准差是其计算过程波动的数值描述,标准差越小波动也就越小。由表 6-1 可见,在占空比为 0.4、0.5 和 0.6 的电流波形下时频熵的标准差最小,说明该占空比下波动最小,稳定性也最好。这也证实了上述分析中提出的占空比为 0.4、0.5 和 0.6 是给定焊接参数下的最佳电流波形占空比。

6.4.2.2　不同频率的电流信号分析

不同焊接电流波形频率的焊接参数与时频熵的计算结果如表 6-5 及图 6-12 所示。

表 6-5　不同频率下的焊接参数与时频熵

频率 f/Hz	电弧电流 I/A	电弧电压 U/V	占空比 D	焊丝直径/mm	焊丝干伸长/mm	$S_{a,avg}$
50	738	37	0.5	4	22	0.1624
80	740	38	0.5	4	22	0.2802
100	745	38	0.5	4	22	0.3639
120	748	38	0.5	4	22	0.4559

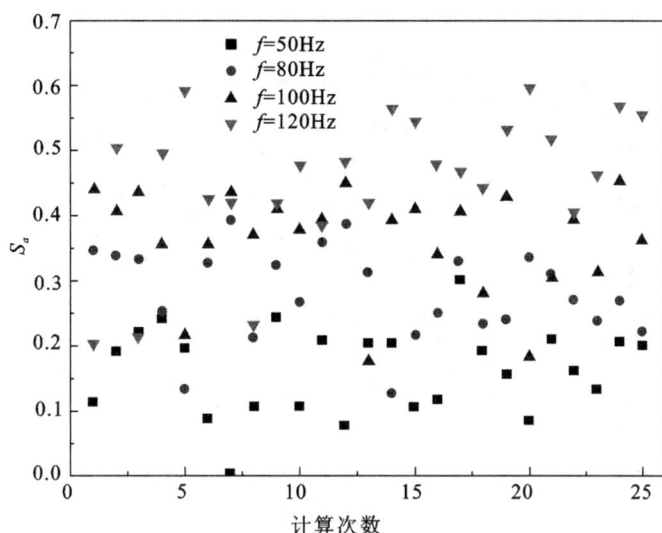

图 6-12   不同频率下的时频熵波动情况

    随着电流频率的增大,焊接过程稳定性越来越好,而且焊接过程无短路、无断弧,焊缝成形好。由表 6-5 可知,随着频率的增大,时频熵是逐渐增大的。这也说明了电弧越稳定,时频熵越大,而越是不稳定的电弧,时频熵越小。因此,在相同占空比、不同电流波形频率下,时频熵能作为一种交流方波埋弧焊电弧稳定性的判据。

6.4.2.3 不同焊接速度的电流信号分析

    不同焊接速度的焊接参数与时频熵的计算结果如表 6-6 及图 6-13 所示。

表 6-6   不同焊接速度下的焊接参数与时频熵

焊接速度 v(m/min)	频率 f/Hz	电弧电流 I/A	电弧电压 U/V	占空比 D	焊丝直径/ mm	焊丝干伸长/ mm	$S_{a,\text{avg}}$
0.8	50	777	40	0.5	4	22	0.447376
1.0	50	768	39	0.5	4	22	0.151775
1.0	80	778	40	0.5	4	22	0.376791
1.1	100	779	40	0.5	4	22	0.373109

    在相同电流波形参数下焊接时,随着速度的增大,电流波动变大;焊接速度为 1.0m/min 时,焊接过程中有少量短路、断弧,焊接过程不太稳定,焊缝成形表面有紧缩现象。由表 6-6 可知,随着焊接速度的增大,时频熵是逐渐减小的;焊接速度为 1.0m/min 时,时频熵最小。交流方波频率调为 80Hz 时,其他焊接参数不变,

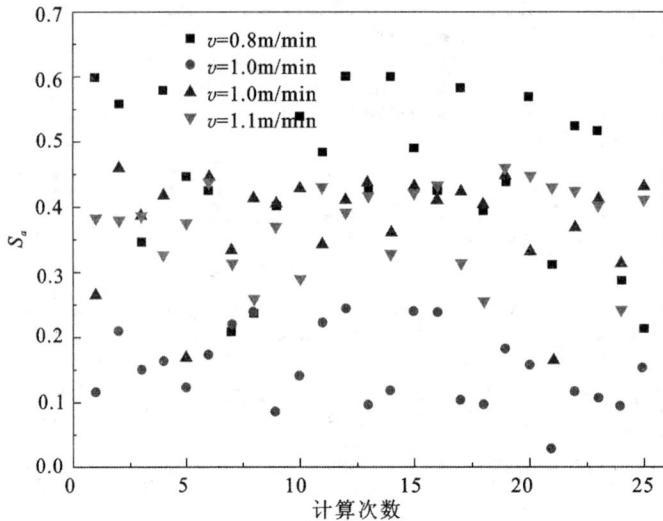

图 6-13 不同焊接速度下的时频熵波动情况

焊接速度仍为 1.0m/min 时,焊接过程无短路、无断弧,焊接过程稳定,焊缝成形好。当交流方波频率调为 100Hz 时,焊接速度可提高到1.1m/min,此时焊接过程稳定,焊缝成形好。由表 6-6 可知,当焊接速度为 1.0m/min、交流方波频率为 80Hz 时和焊接速度为 1.1m/min、交流方波频率为 100Hz 时,计算的时频熵值都较大。这说明在提高焊接速度的同时,适当地提高电流波形频率,可以保证焊接过程电弧稳定,这时计算的时频熵值仍较大,这进一步证明了时频熵可以作为交流方波埋弧焊电弧稳定性评定的判据。

参 考 文 献

[1] 于德介,程军圣,杨宇. Hilbert-Huang 变换在滚动轴承故障诊断中的应用[J]. 中国机械工程,2003,14(24):2140-2142.

[2] 于德介,张岿,程军圣,等. 基于 EMD 的时频熵在齿轮故障诊断中的应用[J]. 振动与冲击,2005,24(5):26-29.

[3] 杨世锡,胡劲松,吴昭同,等. 旋转机械振动信号基于 EMD 的希尔伯特变换和小波变换时频分析比较[J]. 中国电机工程学报,2003,23(6):102-107.

[4] 牛发亮,黄进,杨家强,等. 基于感应电机启动电磁转矩 Hilbert-Huang 变换的转子断条故障诊断[J]. 中国电机工程学报,2005,25(11):107-112.

[5] HE K F,WU J G,WANG G B. Time-frequency entropy analysis of alternating current square wave current signal in submerged arc welding[J]. Journal

of computers,2011,6(10):2092-2097.

[6] HE K F,XIAO S W,WU J G,et al. Time-frequency entropy analysis of arc signal in non-stationary submerged arc welding[J]. Engineering,2011,3(2):105-109.

[7] HE K F,ZHANG Z J,XIAO S W,et al. Feature extraction of AC square wave SAW arc characteristics using improved Hilbert-Huang transformation and energy entropy[J]. Measurement,2013,46(4):1385-1392.

[8] HUANG N E,SHEN Z,LONG S R. A new view of nonlinear water waves:the Hilbert spectrum[J]. Annu. Rev. Fluid Mech. ,1999,31:417-457.

[9] 何凤霞. 概率论与数理统计[M]. 北京:中国电力出版社,2005.

7 埋弧焊电弧电信号 LMD 分析

局部均值分解(LMD)是一种新的时频分析方法,由 Jonathan S. Smith 在 2005 年首先提出,应用于脑电图的信号处理并获得了较好的效果[1]。LMD 方法自适应地将一个复杂的多分量信号分解为若干个瞬时频率具有物理意义的 PF (Product Function)分量之和,其中每一个 PF 分量由一个包络信号和一个纯调频信号相乘而得到,LMD 方法可根据信号自身的特点,自适应地选择频带,确定信号在不同频带的分辨率,提高了提取有效信息的准确性,非常适合多分量的非线性、非平稳信号。从 LMD 算法本身及应用效果来看[2-8],LMD 具有很多优良的品质,如自适应性,多分辨率,高时间和频率分辨率,对信号的平稳性没有任何限制,分解过程端点效应没有 EMD 严重,分解得到的 PF 分量的瞬时频率在任意时刻均有特定的物理意义等,已应用于焊接领域[9-11]。在分析 LMD 算法在埋弧焊电弧信号适应性的基础上,利用 LMD 对采集的埋弧焊电弧电流信号进行自适应分解,能有效得到埋弧焊不同频率的交流方波电流波形畸变成分及其幅值在时间特征尺度上的变化特征,同时通过 Hilbert 变换及能量熵计算不仅可以获得电弧电流信号的时频能量分布特征,还可以作为刻画焊接过程电弧稳定性和焊缝成形质量的电弧特征信息。

7.1 理论及算法

LMD 实质上是一个将多分量的信号分解为一系列的单分量信号的解调过程。对于任意信号 $x(t)$,其分解过程如下:

(1) 首先确定待分解信号 $x(t)$ 的全部局部极值点,利用式(7-1)式(7-2)计算相邻两个极值点 n_i 和 n_{i+1} 的局部均值 m_i 和局部包络估计值 a_i:

$$m_i = \frac{n_i + n_{i+1}}{2} \tag{7-1}$$

$$a_i = \frac{|\, n_i - n_{i+1}\, |}{2} \tag{7-2}$$

（2）将计算所得全部相邻的局部均值 m_i 以及局部包络估计值 a_i 用折线相连，再对其进行滑动平均处理，最终得到光滑的局部均值函数 $m_{11}(t)$ 和包络估计函数 $a_{11}(t)$。取最长局部均值的三分之一为滑动平均的跨度，如何确定滑动跨度是 LMD 算法应用的关键问题。设原来序列为 $y(i)$，$i=1,2,\cdots,n$，则对应的滑动平均的公式为：

$$y_s(i) = \frac{1}{2N+1}[y(i+N) + y(i+N-1) + \cdots + y(i-N)] \tag{7-3}$$

其中，$2N+1$ 为滑动平均的跨度，滑动跨度要求必须是奇数。

在序列两端端点附近，应该适当减小滑动跨度，前提是不能超过序列的端点，比如跨度为 5 的滑动平均，在序列端点附近的定义如下：

$$y_s(1) = y(1)$$
$$y_s(2) = [y(1) + y(2) + y(3)]/3$$
$$y_s(3) = [y(1) + y(2) + y(3) + y(4) + y(5)]/5$$
$$y_s(4) = [y(2) + y(3) + y(4) + y(5) + y(6)]/5$$
$$\cdots\cdots\cdots$$

如果经过平滑处理之后，仍有相邻点为等值，则需要再次进行平滑处理，直到任意相邻两点不相等为止。

（3）从原始信号 $x(t)$ 中分离出局部均值函数 $m_{11}(t)$，然后用包络估计函数 $a_{11}(t)$ 对分离后的信号进行解调，得到：

$$h_{11}(t) = x(t) - m_{11}(t) \tag{7-4}$$
$$s_{11}(t) = h(t)/a_{11}(t) \tag{7-5}$$

理想情况下，$s_{11}(t)$ 应该为纯调频信号，也就是说它对应的包络函数 $a_{12}(t)$ 应当满足条件 $a_{12}(t)=1$。若 $s_{11}(t)$ 不是纯调频信号，则将其作为原始信号重复之前的迭代过程，直到 $s_{1n}(t)$ 为纯调频信号为止，即 $s_{1n}(t)$ 的取值范围满足 $-1 \leqslant s_{1n}(t) \leqslant 1$，并且其包络估计函数 $a_{1(n+1)}(t)$ 满足条件 $a_{1(n+1)}(t)=1$。因此，有：

$$\left.\begin{array}{l} h_{11}(t) = x(t) - m_{11}(t) \\ h_{12}(t) = s_{11}(t) - m_{12}(t) \\ \cdots\cdots\cdots \\ h_{1n}(t) = s_{1(n-1)}(t) - m_{1n}(t) \end{array}\right\} \tag{7-6}$$

式中

$$
\left.\begin{aligned}
s_{11}(t) &= h_{11}(t)/a_{11}(t)\\
s_{12}(t) &= h_{12}(t)/a_{12}(t)\\
&\cdots\cdots\cdots\\
s_{1n}(t) &= h_{1n}(t)/a_{1n}(t)
\end{aligned}\right\}
\tag{7-7}
$$

迭代终止的条件为

$$
\lim_{n\to\infty}a_{1n}(t) = 1 \tag{7-8}
$$

在应用过程中,可以将迭代终止条件设为一个变动量 Δ,当其满足条件时 $(1-\Delta)\leqslant a_{1n}(t)\leqslant(1+\Delta)$,迭代终止。

(4) 将迭代过程中产生的所有包络估计函数累乘即可得到瞬时幅值函数,即包络信号:

$$
a_1(t) = a_{11}(t)a_{12}(t)\cdots a_{1n}(t) = \prod_{q=1}^{n}a_{1q}(t) \tag{7-9}
$$

(5) 将上一步所得包络信号 $a_1(t)$ 和已经求得的纯调频信号 $s_{1n}(t)$ 相乘即可得到第一层 PF 分量:

$$
PF_1(t) = a_1(t)s_{1n}(t) \tag{7-10}
$$

该分量是一个单分量的调频-调幅信号,它对应于原始信号中包含的最高频的成分,包络信号 $a_1(t)$ 即为其瞬时幅值,其瞬时频率 $f_1(t)$ 可由 $s_{1n}(t)$ 经反余弦求得,即:

$$
f_1(t) = \frac{1}{2\pi}\,d\frac{\{\arccos[s_{1n}(t)]\}}{dt} \tag{7-11}
$$

(6) 从原始信号 $x(t)$ 中分离出第一层 PF 分量 $PF_1(t)$,将得到的信号 $u_1(t)$ 作为原始新的原始信号重复之前的迭代过程 k 次,直到把原始信号对应的趋势分量 u_k 分离出来为止。

$$
\left.\begin{aligned}
u_1(t) &= x(t) - PF_1(t)\\
u_2(t) &= u_1(t) - PF_2(t)\\
&\cdots\cdots\cdots\\
u_k(t) &= u_{k-1}(t) - PF_k(t)
\end{aligned}\right\}
\tag{7-12}
$$

(7) 至此,原始信号 $x(t)$ 被分解为 k 个 PF 分量和一个趋势分量函数 u_k 之和,即:

$$
x(t) = \sum_{p=1}^{k}PF_p(t) + u_k(t) \tag{7-13}
$$

7.2　局部均值分解算法适应性分析

由于影响焊接质量的因素的不确定性以及采集过程存在复杂的噪声背景,实际采集到的电弧信号是非线性、时变的,属于典型的非平稳信号。因此,理论上局部均值分解适用于焊接电弧电流和电压信号的分析。

由 LMD 算法原理可知,局部均值 $m(t)$ 代表整个信号的中点位置,而局部包络 $a(t)$ 则代表整个信号与中点位置的距离。分解过程中,从原信号 $x(t)$ 中分离出局部均值函数 $m(t)$ 的目的是为了使信号 $h(t)$ 逐渐逼近 x 轴,最终使得分解出来的信号均以 x 轴为中轴;而用包络估计函数 $a(t)$ 对 $h(t)$ 进行解调的目的是让信号 $s(t)$ 的包络逐渐逼近于 $y=1$,最终得到纯调频信号 $s(t)$。根据以上分析可知,随着分解过程的进行,信号中的不同频率成分的分量按照从高频到低频的顺序以 PF 分量的形式各自被分解出来,直到频率最低的趋势项出现为止。若将 LMD 方法应用于方波交流电弧信号的分解,理论上所得到的前几层 PF 分量应该为信号中所包含的高频干扰和信号畸变成分,分解过程直到信号中包含的方波交流频率成分即趋势项被分解出来为止。因此,这一过程也可看作是对方波交流电弧信号的消噪处理过程,前面几层 PF 分量即为不同频率成分的噪声信号,随着分解的进行最终得到去噪后的方波交流电弧信号趋势项。

图 7-1 所示为焊接过程中采集到的方波交流电流信号的时域波形。利用原始 LMD 算法对方波交流电流信号进行分解,结果如图 7-2 所示。从图 7-2 中可以看

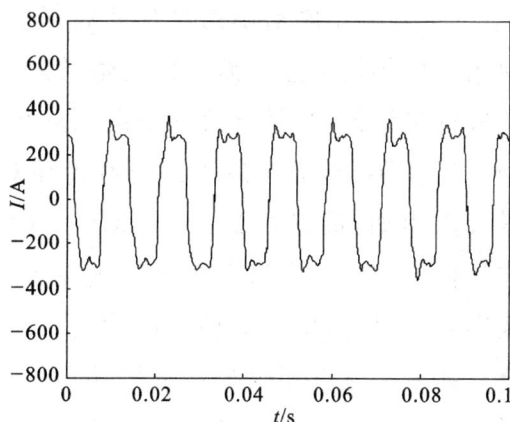

图 7-1　方波交流信号时域波形

出,原信号经过分解得到两层 PF 分量,并且各分量中均存在明显的畸变点,在这些畸变点处 PF 分量的幅值远大于被分解信号的幅值。由于这些畸变点的存在,分解结果完全失真;而且从第二个 PF 分量的形式可以看出,其中包含大量的高频成分,整个分解过程也并不完全。这是由于分解过程中用 $h(t)$ 除以包络估计函数 $a(t)$ 进行解调时,因 $a(t)$ 在少数采样点局部幅值很小甚至接近于零所导致的,并且随着分解过程的进行,这种失真现象会不断叠加,最终导致分解结果完全失真。因此,原始的 LMD 算法不能很好地适应方波交流电弧信号的分解,为了将 LMD 分解更好地应用到方波交流电弧信号的分析中,需要采用适当的方法对其进行改进。

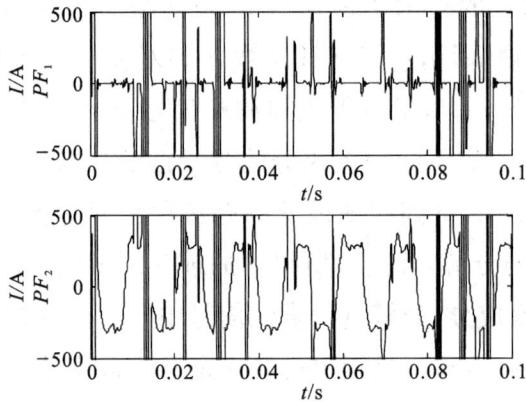

图 7-2　方波交流信号 LMD 分解结果

　　从上述分析可以看出,局部均值分解作为一种新兴的信号分解方法,将其应用于埋弧焊电弧电信号特征提取,算法上还有很多地方有待进一步改进。在局部均值分解过程中,通过滑动平均法不断对由信号相邻局部极值点的均值折线连接成的局部均值函数和由相邻局部均值点之差的绝对值的一半,即包络估计值折线连接成的局部包络函数进行平滑处理,最终得到平滑的局部均值函数和包络估计函数。但是如果滑动跨度选择不当,会导致平滑过程产生相位差,并且其影响会随着平滑处理次数的增大而累加,最终可能致使 LMD 分解结果严重失真。由于尚无严格的数学理论作为指导,因此,在滑动跨度的选择上具有一定的主观性,这样也会对分解结果造成影响。另外,由于滑动平均的应用效果关键取决于滑动跨度的选择是否合理。滑动跨度的选择不仅关系到局部均值分解的精度,如果滑动跨度选择不适当,还可能会造成局部均值分解算法不收敛。这是因为局域包络函数容易受到滑动平均算法的影响,选择不同的滑动平均跨度会得到不同的局域包络函数。在求解每个 PF 分量时采用的是纯调频信号的判据,即要求局部包络函数 $a_{1(n+1)}$ 满足 $(1-\delta) \leqslant a_{1(n+1)} \leqslant (1+\delta)$,因此,局部包络函数不同,循环迭代次数也就不同。

针对 LMD 分解利用滑动平均方法求局部均值函数和包络估计函数的过程中容易产生相位差,使得分解结果失真,以及滑动跨度的选取规则难以准确确定等问题,参考 EMD 分解利用局部极值点求 IMF 分量的过程[12,13],将插值法引入到 LMD 分解过程中以实现局部均值和局部包络的求解。具体过程为:首先用插值的方法由原始信号的上极值点和下极值点分别求上包络函数 $env_{max}(t)$ 和下包络函数 $env_{min}(t)$,然后由上下包络函数的均值求出局部均值函数 $m_i(t)$,由上包络函数减去下包络函数的绝对值的一半求出包络估计函数 $a_i(t)$,即:

$$m_i(t) = \frac{env_{max}(t) + env_{min}(t)}{2} \tag{7-14}$$

$$a_i(t) = \frac{|env_{max}(t) - env_{min}(t)|}{2} \tag{7-15}$$

用以上两式代替原始 LMD 算法中利用滑动平均求解局部均值函数和包络估计函数的过程,即得到了基于插值法的局部均值分解。利用插值法先求上下包络函数再求局部均值函数和包络估计函数,代替原始 LMD 算法中先求极值点平均和包络估计值然后利用滑动平均获得局部均值函数和包络估计函数的方法,有效地避免了由于滑动跨度选择不合适可能带来的分解结果失真导致出现较大误差等现象,同时分解速度相对于原始 LMD 方法也有所提高。

为了研究不同插值法对分解过程的影响,将三次样条插值和线性插值分别应用到上述基于插值的 LMD 方法中来对方波交流电流信号进行分解,所得结果分别如图 7-3 和图 7-4 所示。从两图示结果可以清楚地看出采用基于三次样条插值的 LMD 方法在方波交流电流信号的分解中和原始 LMD 方法一样出现了分解失真和分解不完全的现象,而利用基于线性插值的 LMD 方法可以使方波交流电流信号的分解更完全,能够成功地从高频到低频分解出信号中包含的畸变成分和信号的趋势项即方波成分,并且没有原始 LMD 和基于三次样条的 LMD 方法分解时所出现的失真现象。因此,采用基于线性插值的 LMD 方法比较适合于对埋弧焊电弧电流和电压信号进行分析与处理。

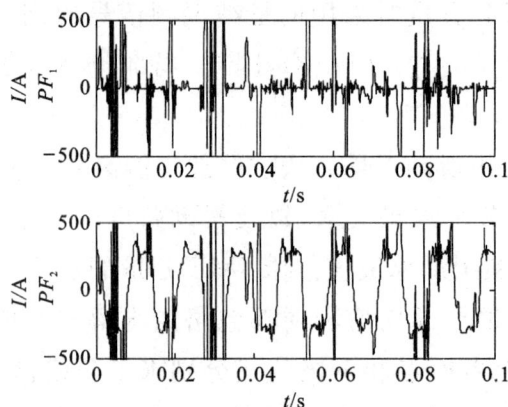

图 7-3　基于三次样条插值的 LMD 分解结果

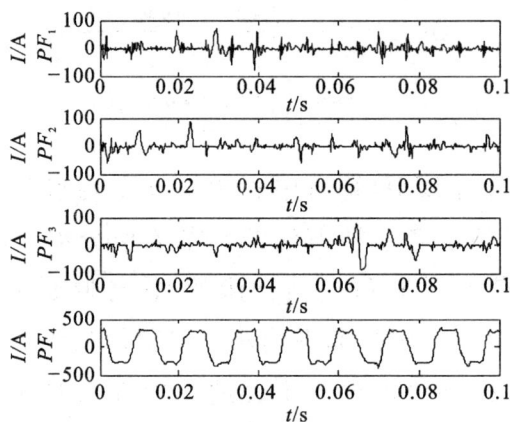

图 7-4　基于线性插值的 LMD 分解结果

7.3　LMD 时频分布及能谱熵

7.3.1　LMD 时频谱变换

对式(7-13)中的每个 PF 分量作 Hilbert 变换有：

$$\hat{PF}_p(t) = \frac{1}{\pi}\int_{-\infty}^{\infty} \frac{PF_i(\tau)}{t-\tau}\mathrm{d}\tau \qquad (7\text{-}16)$$

构造解析信号为：

$$z_i(t) = PF_p(t) + j\,\hat{PF}_p(t) = a_i(t)e^{j\varphi_i(t)} \tag{7-17}$$

于是得到幅值函数和相位函数,分别如式(7-18)和式(7-19):

$$a_i(t) = \sqrt{PF_p^2(t) + \hat{PF}_p^2(t)} \tag{7-18}$$

$$\varphi_i(t) = \arctan \frac{\hat{PF}_p(t)}{PF_p(t)} \tag{7-19}$$

进一步可以求出瞬时频率如下:

$$f_i(t) = \frac{1}{2\pi}\omega_i(t) = \frac{1}{2\pi} \cdot \frac{d\varphi_i(t)}{dt} \tag{7-20}$$

这样,可以得到:

$$x(t) = RP \sum_{i=1}^{n} a_i(t)e^{j\varphi_i(t)} = RP \sum_{i=1}^{n} a_i(t)e^{j\int \omega_i(t)dt} \tag{7-21}$$

其中 RP 表示取实部。展开式(7-21)称为 Hilbert 谱,记作:

$$H(\omega, t) = RP \sum_{i=1}^{n} a_i(t)e^{j\int \omega_i(t)dt} \tag{7-22}$$

式(7-22)精确地描述了信号的幅值在整个频率段上随时间和频率的变化规律。信号幅度可以表示成时间频率平面的等高线,也可以在三维空间表示为时间和瞬时频率的函数。

7.3.2　LMD 时频能谱熵

　　LMD 能谱熵是将局部均值分解与信息熵相结合,其基本思路是将 LMD 分解所得 PF 分量矩阵处理成一个概率分布序列,用该序列的熵值来反映这个分量矩阵的稀疏程度,即被分析信号概率分布的有序程度。信号经 LMD 分解后,假设每一个 PF 分量为一个信号源,这样根据分解所得 PF 分量的能量谱,即可计算信号的 LMD 能谱熵。基本计算过程如下:

　　设 $E_{jk} = |PF_j(k)|^2$ 为信号 $x(n)$ 的第 j 层 PF 分量在 k 采样时刻的能谱,则 $E_j = \sum_{k=1}^{N} E_{jk}$ 表示 PF_j 在 $k = 1, 2, \cdots, N$ 个采样点的信号能量之和,即分量 PF_j 的能谱。设 $E = E_1, E_2, \cdots, E_j$ 为信号 $x(n)$ 在 j 层分解尺度上的 LMD 能谱,则在尺度域上 E 可以形成对信号能量的一个划分。由局部均值分解的特性可知,在某一时间窗内,信号的总能量 E 等于该窗内各尺度下分量能量 E_j 之和。本文定义了一滑动窗,计算窗口内各分解尺度下 PF 分量的能谱熵,观察能谱熵跟随窗口

滑动的变化情况。首先将信号进行 j 层 LMD 分解，得到 j 层 PF 分量，定义一滑动时窗，窗长为 L，滑动步长为 δ，然后计算每个分解尺度下某一时窗内信号的能谱为：

$$E_j = \sum_{k=1}^{L} \left| PF_j(k) \right|^2 \tag{7-23}$$

时窗内信号的总能量等于各个尺度分量的能量之和，即：

$$E_{\text{total}} = \sum_{j=1}^{J+1} E_j \tag{7-24}$$

则时窗内每个尺度信号的相对能量为：

$$p_j = \frac{E_j}{E_{\text{total}}} \tag{7-25}$$

式中 p_j 表征了不同尺度的能量分布情况。由于 $\sum_{j=1}^{J+1} p_j = 1$，$p_j \in [0,1]$，满足广义分布条件，用其代替信息熵定义中的概率 p_j，即可得到信号 $x(n)$ 在时窗内的 LMD 能谱熵的表达式：

$$W_{\text{LMD}} = -\sum_{j=1}^{J} p_j \log_2 p_j \tag{7-26}$$

随着时窗的滑动，可以得到 LMD 能谱熵随时间的变化规律。

为了验证 LMD 能谱熵与信号复杂度和稳定性的关系，设计分段函数如下：

$$y(t) = \begin{cases} 2\sin(0.2t)+1 & (0 \leqslant t \leqslant 1000) \\ 1.5\sin(0.2t)+2\cos(0.5t)+1 & (1000 < t \leqslant 2000) \end{cases} \tag{7-27}$$

采用基于线性插值的 LMD 方法对 $y(t)$ 进行分解并计算能谱熵，仿真信号波形如图 7-5 所示，结果分别如图 7-6 和图 7-7 所示。

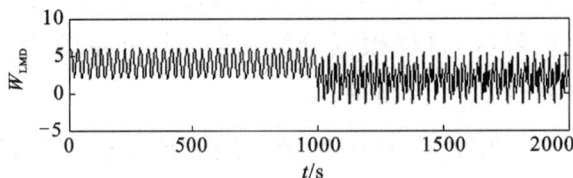

图 7-5　仿真信号波形

从图 7-7 中可以看出，随着信号复杂度的增大，其 LMD 能谱熵值越大。因此，LMD 能谱熵可以作为多分量非平稳信号稳定性评估的依据。

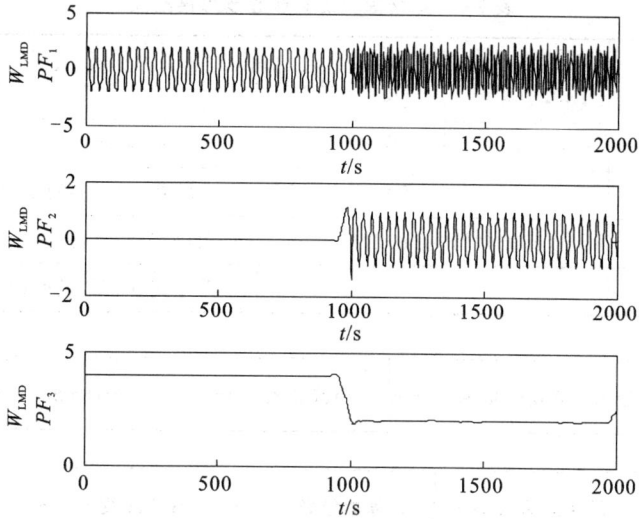

图 7-6 仿真信号 LMD 分解结果

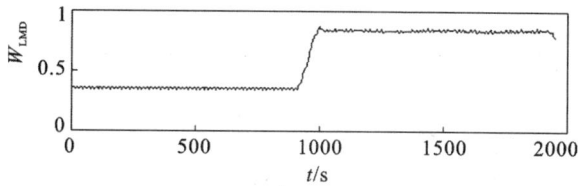

图 7-7 仿真信号 LMD 能谱熵

7.4 埋弧焊电弧电信号 LMD 分析

7.4.1 基于 LMD 电弧能量特征分析

在给定不同焊接电压、电流、焊接速度等工艺参数的条件下进行埋弧焊堆焊试验,采集相应焊接工艺参数的电信号数据。焊接试验工艺参数及焊接结果如表 7-1 所示。

LMD 的电弧电信号特征提取过程见图 7-8。图 7-9～图 7-12 是对应每组焊接参数小波包去噪后的焊接电流信号及其 LMD 的时频分布。

表 7-1　焊接试验工艺参数及焊接结果

试验序号	电流 I/A	电压 U/V	焊接速度/（m·min⁻¹）	频率/Hz	占空比	焊接情况
1	630	40	0.6	50	0.5	无短路、断弧,过程稳定,焊接成形好
2	630	40	1.2	50	0.5	有断弧,过程不稳定,焊缝成形差
3	630	40	1.2	80	0.5	无短路、断弧,过程稳定,焊接成形好
4	630	40	1.2	100	0.5	无短路、断弧,过程稳定,焊接成形好

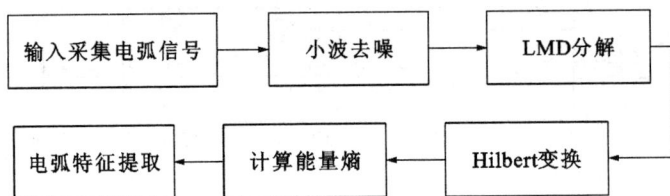

图 7-8　小波包去噪与 LMD 的电弧电信号特征提取过程

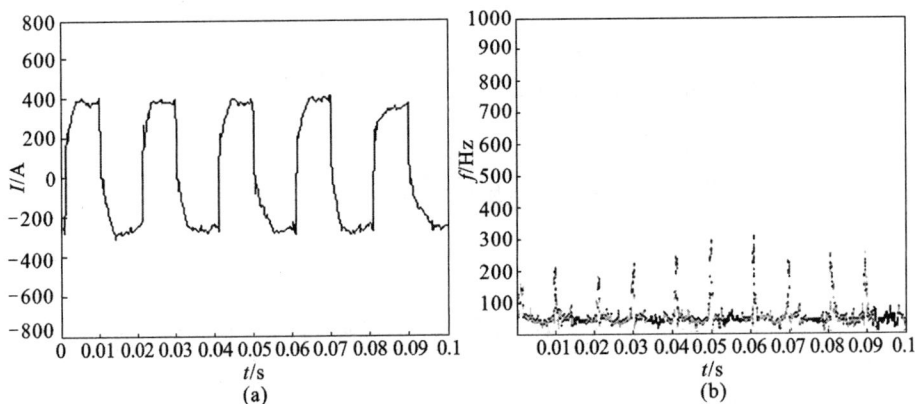

图 7-9　试验序号 1 的小波包去噪的焊接电流波形及时频谱

（a）焊接电流波形；（b）时频谱

　　从图 7-9～图 7-12 中可以看出每组试验采集到的焊接电流信号的幅值在时间和频率上的联合分布情况和焊缝成形情况。从图 7-9 中可以看出,各组信号基本围绕主频率成分 50Hz、80Hz 或 100Hz 不变,还存在一些围绕主频随时间波动的其他频率成分,这不规则频率成分是焊接电源本身实际输出的电流波形发生畸变的部分,而且伴随主频电流波形呈随机分布。电流波形发生畸变的频率成分多少和范围的大小直接影响电弧能量分布情况,进而影响焊缝成形。

　　试验 1 和试验 2 为焊接电流信号在相同占空比和频率、不同焊接速度条件下计算的时频谱,从两组信号的计算结果来看,它们的时频谱主频率成分基本围绕

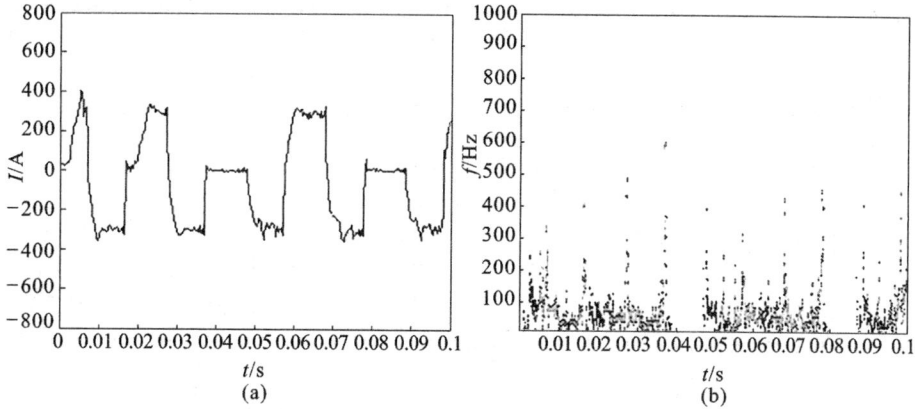

图 7-10 试验序号 2 的小波包去噪的焊接电流波形及时频谱
(a)焊接电流波形；(b)时频谱

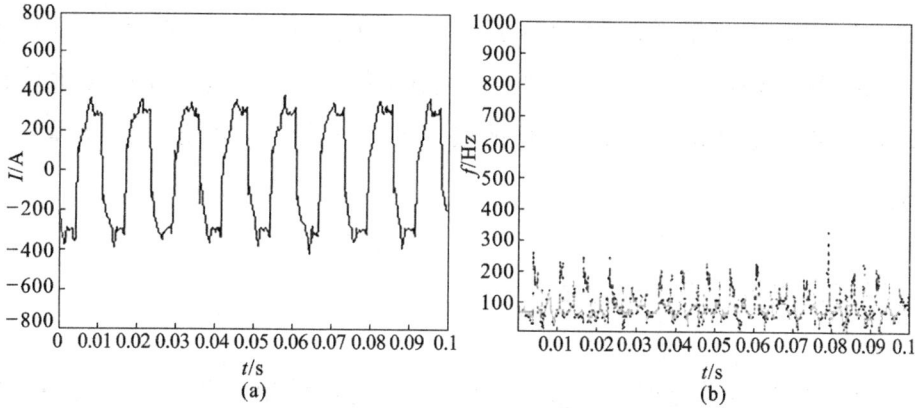

图 7-11 试验序号 3 的小波包去噪的焊接电流波形及时频谱
(a)焊接电流波形；(b)时频谱

50Hz 不变,两组信号的时频分布的不同主要表现在幅值随频率和时间的变化。从两组时频分布可以看出,电弧能量变化是不同的,随着焊接速度的增大,焊接电流信号时频分布表现出幅值在频率和时间上的变化相对变得复杂,而且其他频率成分明显增多。

试验 2、3 和 4 为焊接电流信号在相同占空比、不同频率条件下计算的时频谱,三组信号的时频谱的主频率成分基本围绕 50Hz、80Hz 和 100Hz 不变,电流信号幅值随时间的分布基本没有多少区别,但是三组信号的时频分布的不同主要表现在幅值随频率上的变化,从三组时频分布可以看出,电弧能量随着频率变化是不同的。随着主频率的增多,其他频率成分相对较少,反映出能量比较集中。

从上述试验及计算结果来看,改变交流方波埋弧焊焊接电流波形频率和焊接

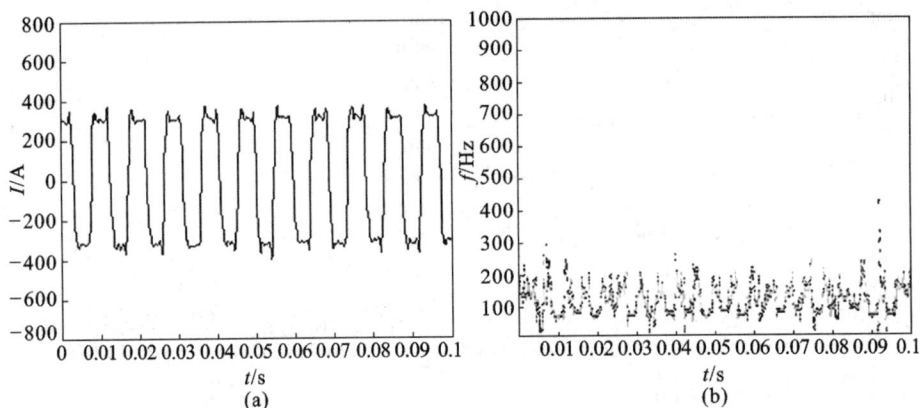

图 7-12　试验序号 4 的小波包去噪的焊接电流波形及时频谱

(a)焊接电流波形；(b)时频谱

速度,都会导致电弧能量在时域和频域上分布的不同,进而影响焊接过程电弧的稳定性和焊缝成形效果。因此,通过选择合适的交流方波埋弧焊焊接电流波形参数,能有效地获得电弧能量在时域和频域上的均匀分布,保证焊接过程稳定和获得良好的焊接效果。

7.4.2　焊接过程电弧稳定性评估

电弧能量信号的稳定性关系到焊接过程的稳定性以及焊缝成形质量的好坏,因此可以通过特征提取实现对电弧能量信号稳定性的量化评估来为焊接质量控制和工艺优化提供理论指导。通过对局部均值分解在电弧能量信号中的适应性分析可知,电弧能量信号在经过 LMD 分解后,得到与其对应的一系列 PF 分量,这些 PF 分量分别代表原始信号中所包含的不同频率成分的畸变分量和原始信号趋势分量。然而在焊接过程中,正是由于电弧能量信号中包含有由硬件特性和外界干扰所导致的各种畸变成分,使得焊接电弧的稳定性受到影响,进而影响焊缝的成形质量。因此,在利用局部均值分解对电弧能量信号进行稳定性特征提取时,我们从 LMD 分解所得 PF 分量中,选取包含信号畸变成分的分量进行能谱熵计算,并以此作为量化特征来对电弧能量信号的稳定性进行评估。

图 7-13 所示为一组方波交流电流信号波形及其 LMD 分解结果,为了从各层 PF 分量中有效地选出包含信号畸变成分的分量进行能谱熵计算,将各层 PF 分量与原始信号进行相关性分析,各相关系数如表 7-2 所示。

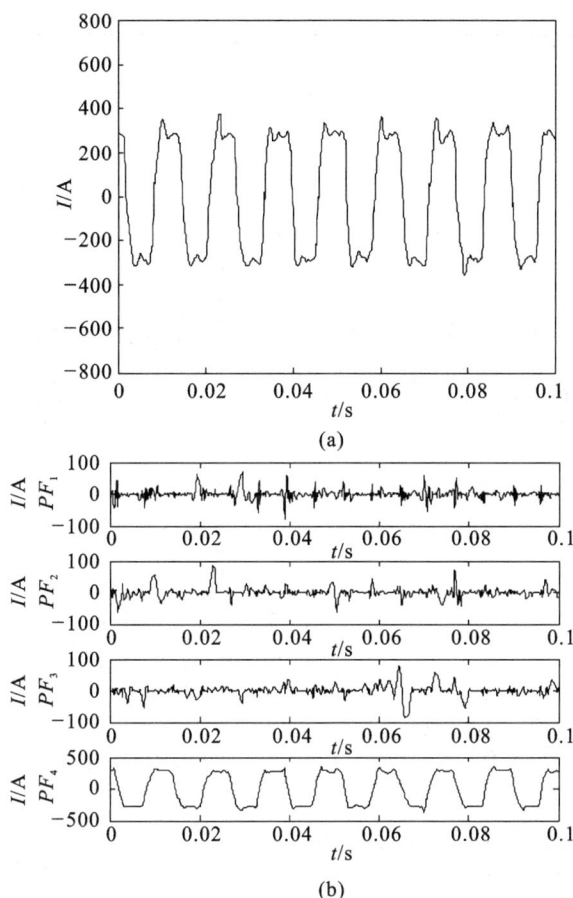

图 7-13　方波交流电流信号波形及其 LMD 分解结果

（a）方波交流电流信号波形；（b）LMD 分解结果

表 7-2　各 PF 分量和原始信号的各相关系数

PF 分量	PF_1	PF_2	PF_3	PF_4
相关系数	0.0699	0.2010	0.3770	0.9948

从表 7-2 中可以看出，$PF_1 \sim PF_3$ 与原始信号微相关，属于信号中包含的畸变成分，而 PF_4 与原始信号高度相关，属于原始信号的趋势分量即方波交流成分。为了在 $PF_1 \sim PF_3$ 中合理选择有效的信号进行干扰分析，需要对包含畸变成分的各 PF 分量进行筛选。由于噪声的自相关函数除了在零点取得最大值外，其余皆为零，因此下面通过自相关分析来对这些 PF 分量进行筛选。$PF_1 \sim PF_4$ 分量各自的自相关函数如图 7-14 所示。

从图 7-14 可以看出，PF_1 的自相关函数除了在零点较大外，其余部分均在零附近，PF_1 与原信号的相关系数很小，为 0.0699，可以认为 PF_1 为纯噪声分量，

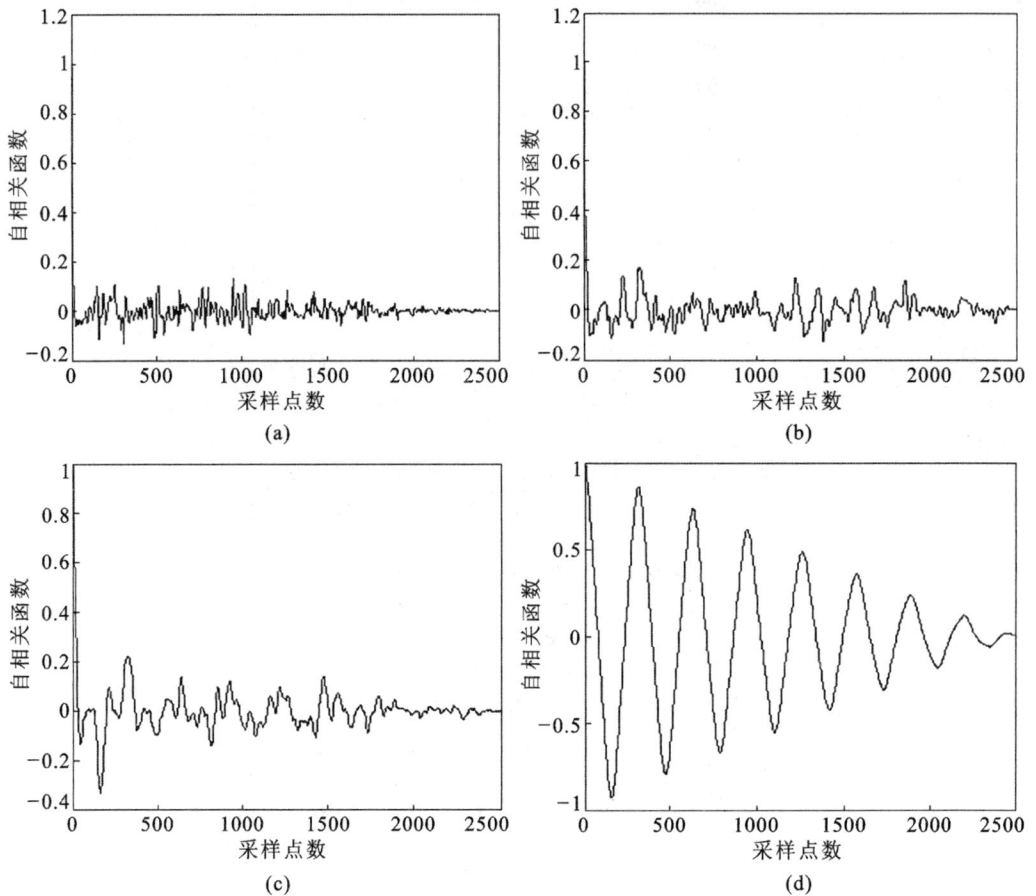

图 7-14　交流电弧 $PF_1 \sim PF_4$ 的自相关函数

(a)PF_1 的自相关函数;(b)PF_2 的自相关函数;(c)PF_3 的自相关函数;(d)PF_4 的自相关函数

$PF_2 \sim PF_3$ 则为包含原始信号中畸变部分的分量。因此,后续将选择方波交流电弧能量信号 LMD 分解所得 $PF_2 \sim PF_3$ 分量信号进行能谱熵的计算,并将其作为量化特征来对电弧能量信号的稳定性进行评估。

对于直流电弧,由于同样受到电源特性和焊接过程其他干扰因素的影响,采集到的直流电弧能量信号并非始终保持在同一个取值上,而是存在信号取值在设定值附近轻微振荡的现象,这种不稳定的现象必将会对电弧稳定性和焊接质量造成影响。因此,与方波交流电弧能量信号分析类似,同样对于直流电弧能量信号也进行了 LMD 分解及其结果的相关性分析,以期从分解所得 PF 分量中选择合适的信号成分进行电弧能量信号稳定性分析。图 7-15 所示为一组直流电流信号波形及其对应的 LMD 分解结果。各层 PF 分量与原始信号的各相关系数如表 7-3 所示,$PF_1 \sim PF_4$ 的自相关函数如图 7-16 所示。

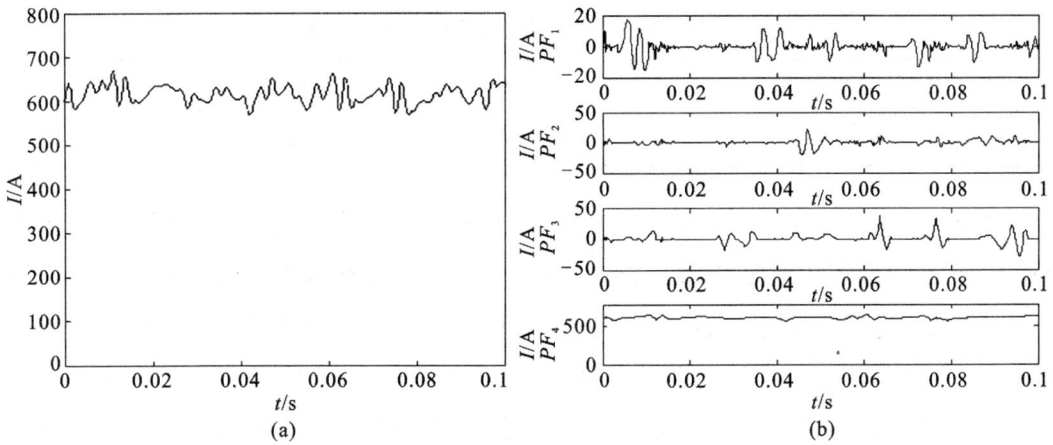

图 7-15 直流电流信号波形及其对应的 LMD 分解结果

(a)直流电流信号波形；(b)LMD 分解结果

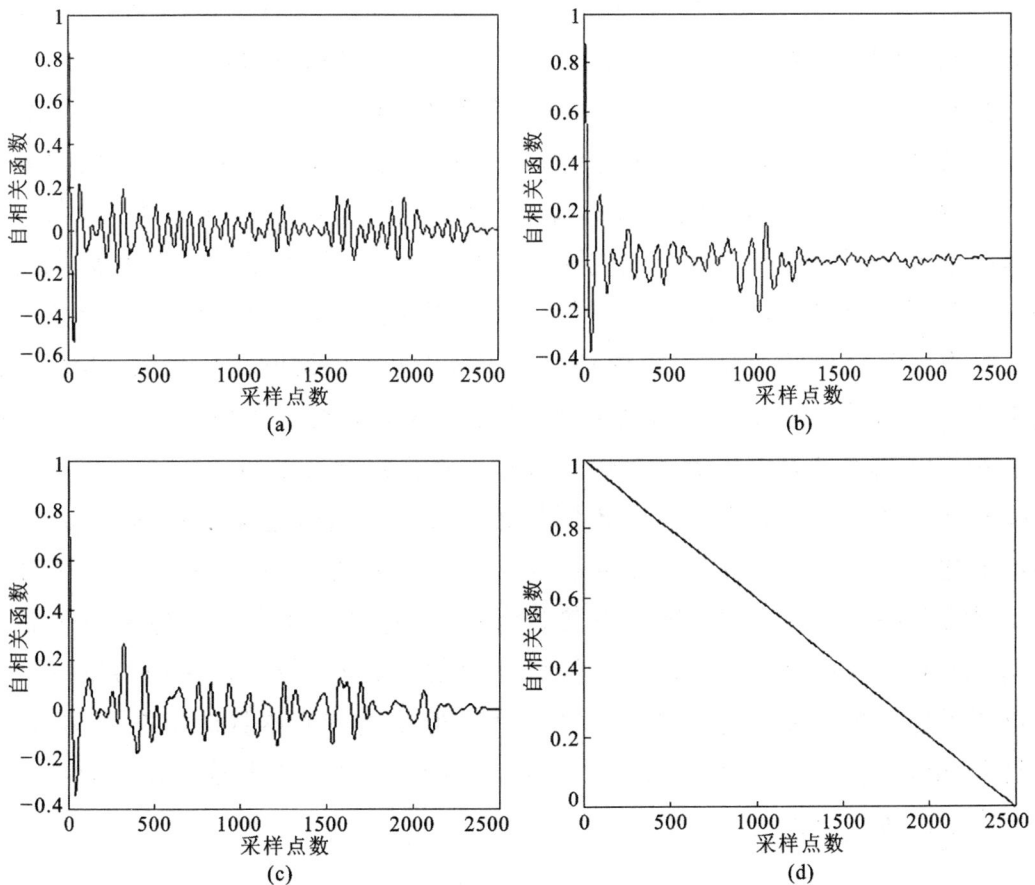

图 7-16 直流电弧能量信号 $PF_1 \sim PF_4$ 的自相关函数

(a)PF_1 的自相关函数；(b)PF_2 的自相关函数；(c)PF_3 的自相关函数；(d)PF_4 的自相关函数

表 7-3　各 PF 分量和原始信号的各相关系数

PF 分量	PF_1	PF_2	PF_3	PF_4
相关系数	0.2289	0.2401	0.4974	0.8756

　　从 PF 分量与原始信号的相关性分析结果可知,直流电弧能量信号经 LMD 分解后所得的各层 PF 分量均与原始信号有着一定的相关性,其中 PF_4 与原始信号高度相关,为趋势分量。由 $PF_1 \sim PF_3$ 自相关函数的形式及其与原始信号的各相关系数可知,$PF_1 \sim PF_3$ 均包含了原始信号中部分畸变成分,因此,在后续的电弧能量信号稳定性评估中,选取直流电弧能量信号 LMD 分解的 $PF_1 \sim PF_3$ 进行能谱熵的计算,并以之作为对直流电弧稳定性评估的特征量。

　　取采样频率为 2.5kHz,同步采集方波交流埋弧焊过程中的电弧电流和电压信号,取其中 6s 时间段内的信号进行 LMD 分解与能谱熵计算,取滑窗长度为 5000(数据点数,一般不标单位),滑动步长为 4999(数据点数,一般不标单位)分别计算每组采样信号的 LMD 能谱熵值,各组分别得到 30 个能谱熵值,将其用折线连接即可得到 LMD 能谱熵随时间的变化规律。各组焊接参数搭配如表 7-4 所示,表 7-5 是这四组不同参数对应的电弧电流、电压信号的 LMD 能谱熵值及其标准差。对比表中两电弧电流和电压信号的 LMD 能谱熵值及其标准差可知,电流信号的标准差明显小于电压信号,说明在两种电信号的 LMD 能谱熵均能反映电弧稳定性的情况下,电流信号的 LMD 能谱熵比电压信号的 LMD 能谱熵更能准确地反映焊接电弧的稳定性。因此,本文后续内容将以双丝埋弧焊中两电弧的电流信号为信号源来对焊接过程电弧稳定性及参数优化进行研究。图 7-17 所示分别为正交试验中四组不同焊接参数下两电弧电流信号的 LMD 能谱熵值变化曲线。从图 7-17 中可以看出,不同参数搭配下的电弧电流信号的 LMD 能谱熵是不同的,而且随着焊接过程的进行,同一组参数下电弧电流信号的 LMD 能谱熵值变化不是很大,因此,电流信号的 LMD 能谱熵值可以用来对双丝埋弧焊过程电弧稳定性进行有效评估。根据能谱熵本身的特性可知,序列越复杂,能谱熵值越大,因此,表 7-4 中第 1、3 组参数下的焊接电弧要比第 2、4 组参数下的焊接电弧稳定。

表 7-4 双丝埋弧焊四组不同的工艺参数搭配

序号	焊接电流 I/A		焊接电压 U/V		焊丝间距/ mm	焊接速度/ (m/min)
	前丝	后丝	前丝	后丝		
1	600	550	34	42	15	80
2	650	600	34	36	30	60
3	700	600	32	38	15	120
4	600	600	36	34	20	100

表 7-5 四组试验对应的电弧电流和电压信号的 LMD 能谱熵及其标准差

序号	I_1 能谱熵	I_1 标准差	U_1 能谱熵	U_1 标准差	I_2 能谱熵	I_2 标准差	U_2 能谱熵	U_2 标准差
1	1.3013	0.0027	1.3356	0.0070	1.2178	0.0024	1.2607	0.0216
2	1.4067	0.0023	1.3785	0.0089	1.3745	0.0015	1.4342	0.0510
3	1.2274	0.0021	1.3378	0.0057	1.2380	0.0028	1.1142	0.0125
4	1.4591	0.0017	1.4225	0.0045	1.5190	0.0012	1.3815	0.0131

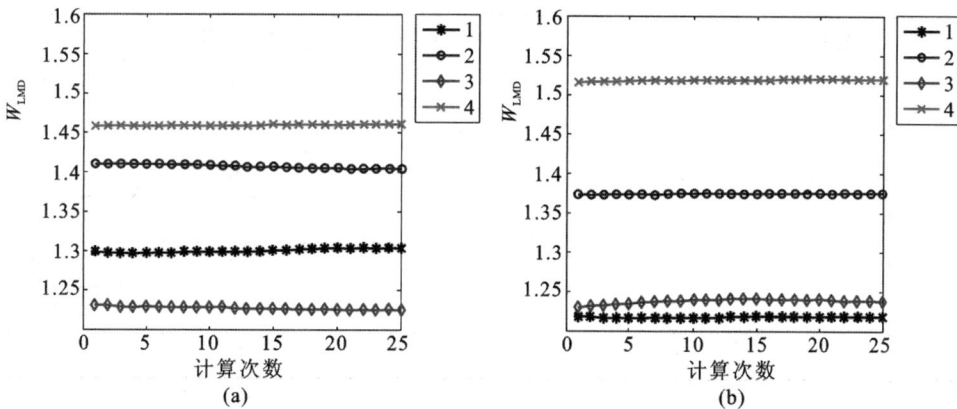

图 7-17 前后丝电流信号 LMD 能谱熵曲线

(a)前丝电流 LMD 能谱熵曲线；(b)后丝电流 LMD 能谱熵曲线

7.4.3 焊接工艺参数搭配合理性评估

7.4.3.1 方波交流单丝埋弧焊工艺参数搭配合理性评估

方波交流埋弧焊的工艺参数相对于直流埋弧焊来说，除了电流、电压以及焊接速度等常见的参数外，还存在交流信号的频率和占空比等交流焊接中独有的工艺参数。为了研究交流频率和占空比对电弧信号稳定性的影响，将基于局部均值分解的 LMD 能谱熵应用到方波交流埋弧焊电流信号的稳定性分析中。通过工艺试验和信号分析,确定了方波交流埋弧焊的最佳工作频率和占空比。

　　为了研究单丝交流焊时方波交流电压、电流的占空比对电弧稳定性的影响,分别设计两组方波交流单丝埋弧焊试验,通过固定电压、电流、焊接速度等参数,分别改变两组不同频率下方波交流电弧信号的占空比,采集焊接过程电压、电流信号。其中电压、电流以及焊接速度取值的选择为正交表中理论上焊缝成形较好的一组:电压 36V,电流 550A,焊接速度 80cm·min^{-1},详细参数如表 7-6 和表 7-7 所示。对每组参数下的电弧电流信号进行 10s 采样,采样频率为 25kHz,取其中 6s 的数据进行 LMD 分解和能谱熵计算。为了保证计算的均衡性,选取时窗宽度为 5000,滑动步长为 4999,则可将每组信号分成 30 等份,通过计算每组信号可得到 30 个能谱熵值。图 7-18 所示分别为两组试验中不同参数下的方波交流电流信号的 LMD 能谱熵值随滑窗的变化曲线图,其中图 7-18(a)、(b)分别对应于表 7-6 和表 7-7 所示各组参数下的 LMD 能谱熵计算结果。

表 7-6　频率为 50Hz 时不同占空比的方波交流电流信号 LMD 能谱熵

占空比	电流/A	电压/V	焊接速度/(cm·min^{-1})	频率/Hz	LMD 能谱熵
0.2	550	36	80	50	1.3279
0.3	550	36	80	50	1.2971
0.4	550	36	80	50	1.0419
0.5	550	36	80	50	0.9965
0.6	550	36	80	50	1.1926
0.7	550	36	80	50	1.2961
0.8	550	36	80	50	1.3328

表 7-7　频率为 80Hz 时不同占空比的方波交流电流信号 LMD 能谱熵

占空比	电流/A	电压/V	焊接速度/(cm·min^{-1})	频率/Hz	LMD 能谱熵
0.2	550	36	80	80	1.3016
0.3	550	36	80	80	1.2621
0.4	550	36	80	80	1.2024
0.5	550	36	80	80	1.1452
0.6	550	36	80	80	1.1929
0.7	550	36	80	80	1.2326
0.8	550	36	80	80	1.2876

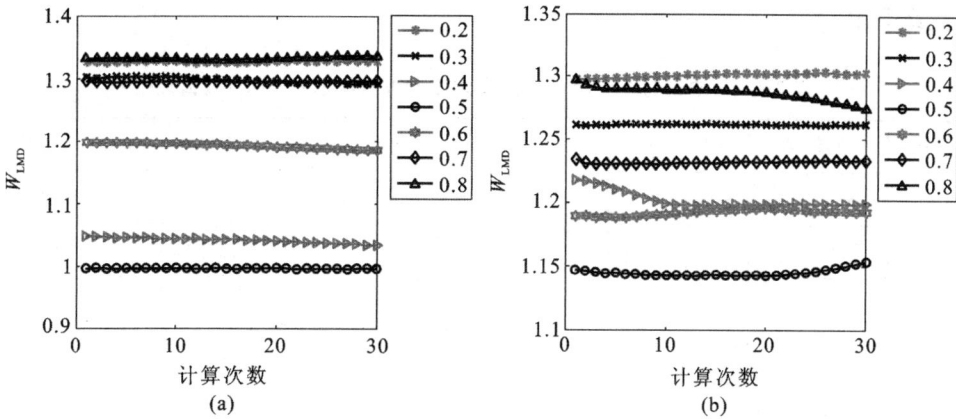

图 7-18 不同参数下的电流信号 LMD 能谱熵曲线

(a) 频率 50Hz,不同占空比;(b) 频率 80Hz,不同占空比

表 7-6 和表 7-7 分别为频率 50Hz 和 80Hz 时方波交流电流信号 LMD 能谱熵均值随占空比的变化情况。从两组数据中可以看出,当方波交流占空比为 0.5 时 LMD 能谱熵均值达到最小值,说明当交流占空比为 0.5 时电弧信号最稳定。同样从图 7-18 中可以清晰地看出,方波交流埋弧焊电流信号在占空比为 0.5 时 LMD 能谱熵值最小,说明方波交流电流信号最稳定,即焊接电弧最稳定。因此,方波交流埋弧焊电流的最佳工作占空比为 0.5。

为了研究单丝交流方波埋弧焊时,方波交流电信号的频率对电弧稳定性的影响,在上一小节结论的基础上,设计方波交流单丝埋弧焊试验,通过固定电压、电流及焊接速度等参数,并将交流占空比设为最佳值 0.5,分别改变方波交流电弧信号的频率,采集焊接过程电压、电流信号。其他焊接工艺参数的选择仍为正交表中理论上焊缝成形较好的一组,即电压 36V,电流 550A,焊接速度 80cm/min,详细参数如表 7-8 所示。对每组参数下的电弧电流信号进行 10s 采样,采样频率为 25kHz,取其中 6s 的数据进行 LMD 分解和能谱熵计算。为了保证计算的均衡性,选取时窗宽度为 5000,滑动步长为 4999,则可将每组信号分成 30 等份,通过计算每组信号可得到 30 个能谱熵值。图 7-19 所示为占空比为 0.5 时不同频率下的方波交流电流信号的 LMD 能谱熵值随滑窗的变化曲线图。

通过对不同频率下的方波交流电流信号进行 LMD 能谱熵分析,从表 7-8 所示计算结果可知,当交流频率为 80Hz 时,电流信号 LMD 能谱熵均值最小,说明电弧信号在交流频率为 80Hz 时最为稳定。同样从图 7-19 中可以清晰地看出,方波交流埋弧焊电流信号在交流频率为 80Hz 时,LMD 能谱熵均值最小,即此时电弧信号最稳定。

表 7-8　占空比为 0.5 时不同频率方波交流电流信号 LMD 能谱熵

频率/Hz	电流/A	电压/V	焊接速度/(cm·min⁻¹)	占空比	LMD 能谱熵
30	550	36	80	0.5	1.0974
50	550	36	80	0.5	1.1682
80	550	36	80	0.5	0.8685
100	550	36	80	0.5	1.2631
120	550	36	80	0.5	1.3219

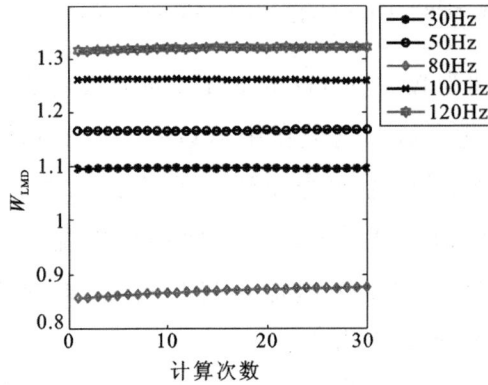

图 7-19　不同频率下的电流信号 LMD 能谱熵曲线

7.4.3.2　双丝埋弧焊工艺参数搭配合理性评估

双丝埋弧焊由于其可调焊接工艺参数多,并且两电弧间存在较强的电磁干扰,各焊接参数设置和搭配的合理性直接关系到焊接过程的稳定性和焊缝成形的质量。本节将在前一节研究的基础上,在确定双丝埋弧焊中跟随焊丝交流电弧信号的频率和占空比处于最佳工作值的条件下,研究双丝的电流、电压,焊丝间距以及焊接速度 6 组参数搭配的合理性对焊接电弧稳定性的影响规律。由于多参数影响下的完全焊接工艺试验必然会导致试验次数的增多,为了在合理控制试验次数的同时,保证试验所得信息的完整性,我们采用正交设计方法来组织焊接试验。

根据单丝电弧稳定性评估所得结论,设定双丝埋弧焊中后丝方波交流电弧信号的频率为 80 Hz,占空比为 0.5,分别设计 6 组不同搭配的双丝埋弧焊工艺参数进行焊接试验,分别计算每组试验中两电弧电流信号的 LMD 能谱熵,同时结合每组试验的焊缝成形外观来对各组参数的搭配情况及焊接过程的稳定性进行评估,结果如表 7-9 所示。从表 7-9 中所示结果可知,在 6 组试验中,编号为 2、5、6 的工艺参数搭配对应的焊接过程电弧不稳定,具体表现为前后丝电弧电流信号的 LMD 能谱熵值较大,并且焊缝成形较差。前后丝电流信号对应的 LMD 能谱熵变化曲线分别如图 7-20(a)和 7-20(b)所示。根据双丝埋弧焊的基本焊接参数搭配要求:前丝电流须稍大于后丝电流以取得较深的熔深,后丝电流过大则会导致焊缝的边缘不规则;后丝电压须大于前丝电压以取得较平滑的焊缝外观,过高的电压同样会导致焊缝不规则以及焊缝的凹陷现象。再结合通过 LMD 能谱熵分析所得焊接电弧稳定性较差的几组工艺参数搭配,不难发现其搭配上的不合理性:例如第 6 组参数前后丝电压相等,而第 2 组和第 5 组参数中的前丝电压均大于后丝电压。正是这些参数搭配上的不合理最终导致了焊接过程电弧的不稳定以及焊缝成形出现缺陷等。

表 7-9　6 组不同双丝埋弧焊工艺参数搭配及对应电流信号的 LMD 能谱熵

编号	$I_1/$ A	$U_1/$ V	$I_2/$ A	$U_2/$ V	$l/$ mm	$v/$ (cm·min^{-1})	LMD 能谱熵 I_1	LMD 能谱熵 I_2	焊缝成形情况
1	550	32	450	36	20	80	1.1884	1.1132	正常
2	600	38	400	36	25	120	1.4964	1.5017	驼峰
3	650	30	500	42	20	120	1.1579	1.1930	正常
4	700	32	600	38	15	120	1.2274	1.2380	正常
5	700	38	500	34	30	80	1.4144	1.3500	咬边
6	750	34	450	34	35	120	1.4925	1.4540	驼峰

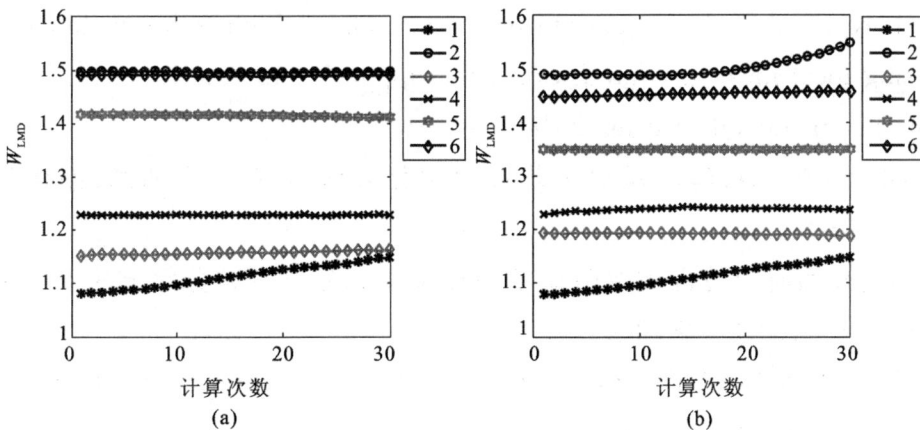

图 7-20　前后丝电流信号 LMD 能谱熵曲线

(a)前丝电流 LMD 能谱熵曲线;(b)后丝电流 LMD 能谱熵曲线

参 考 文 献

[1] SMITH J S. The local mean decomposition and its application to EEG perception data[J]. Journal of the royal society interface,2005,2(5):443-454.

[2] 任达千.基于局域均值分解的旋转机械故障特征提取方法及系统研究[D]. 杭州:浙江大学,2008.

[3] 程军圣,杨宇,于德介.局部均值分解方法及其在齿轮故障诊断中的应用[J]. 振动工程学报,2009,22(1):76-84.

[4] 程军圣,杨宇,于德介.一种新的时频分析方法——局域均值分解方法[J]. 振动与冲击,2008,27(S):129-131.

[5] 张亢,程军圣,杨宇.局部均值分解方法中乘积函数判据问题研究[J].振动与冲击,2011,30(9):84-89.

[6] WANG Y X,HE Z J,ZI Y Y. A demodulation method based on improved local mean decomposition and its application in rub-impact fault diagnosis[J]. Measurement science and technology,2009,20(2):1-10.

[7] 程军圣,张亢,杨宇,等.局部均值分解与经验模式分解的对比研究[J].振动与冲击,2009,28(5):14-19.

[8] 任达千,杨世锡,吴昭同,等.LMD 时频分析方法的端点效应在旋转机械故障诊断中的影响[J].中国机械工程,2012,28(8):951-956.

[9] 何宽芳,肖思文,伍济钢.小波消噪与 LMD 的埋弧焊交流方波电弧信息提取[J].中国机械工程,2013,16 (24):2141-2145.

[10] HE K F,LI X J. A quantitative estimation technique for welding quality using local mean decomposition and support vector machine[J]. Journal of intelligent manufacturing,2014.

[11] 黎琪.逆变式双丝埋弧焊工艺参数优化方法研究[D].湘潭:湖南科技大学,2003.

[12] 胡劲松.面向旋转机械故障振动的经验模态分解时频分解方法及实验研究[D].杭州:浙江大学,2004.

[13] HUANG N E,SHEN Z,LONG S R,et al. The empirical mode decomposition and the Hilbert spectrum for non-linear and non-stationary time series analysis[J]. Proc. R. Soc. Lond. A,1998,454:903-995.

8 埋弧焊数字化检测的信息处理

高速焊接质量缺陷检测与焊接工艺参数优选一直是广大焊接设计人员关注的问题,不同的材料及板厚,需要不同的工艺参数与之匹配,以使焊件达到最佳焊接质量力学性能和工艺性能。通过获取实时反映焊接电弧稳定性和质量的电弧能量特征信息,实现对焊接质量进行在线、准确的识别及工艺参数优化设计,为实际焊接生产提供技术指导和依据,是焊接质量数字化检测的最终目的。根据获取的电弧能量特征信息,将智能模式识别神经网络、支持向量机(SVM)等信息处理技术应用于焊接质量缺陷检测与识别和工艺参数优化设计,构建基于电弧能量敏感特征向量的焊接质量检测模型和埋弧工艺智能优化模型,可有效实现动态评估高速埋弧焊过程工艺参数搭配合理性并保证焊缝成形质量,为利用数学手段进行工艺参数自动、精确的优化选择提供了理论与方法[1-4]。

8.1 神经网络模型

8.1.1 BP 神经网络

1986 年,Rumelhart 等提出了 Back Propagation Network,即 BP 神经网络,在目前有关神经网络的应用研究中,BP 神经网络是最被广泛采用的算法之一[5]。在训练数据充足的前提下,利用 BP 神经网络可以达到很好的预测效果。据统计,80%～90%的神经网络应用都采用了 BP 网络模型或者它的变形。已经有研究证明,在隐含层节点数目可以根据需要自由设置的情况下,三层前向 BP 网络可以实现以任何精度逼近任意连续函数[6,7]。

BP 神经网络是一种单向传播的多层前向网络,网络除输入输出节点外,还包括一层或多层隐含节点,同层内节点之间没有任何联系。输入信号从输入层节点依次传过各隐含层节点,然后传到输出节点,每一层节点的输出只影响到下一层节点的输出。基本 BP 算法主要包括两个过程:信号的前向传播以及误差的反向传播,即由输入通过 BP 网络计算实际输出是按前向进行,而修正权值和阈值的过程是按从输出到输入逆向进行。图 8-1 为标准的三层 BP 神经网络模型结构。

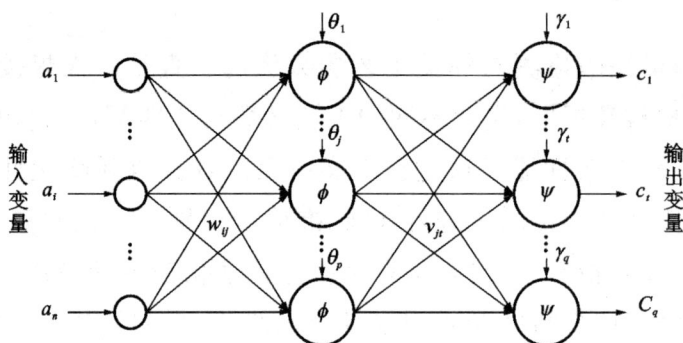

图 8-1　BP 神经网络模型结构

下面以图 8-1 所示三层 BP 神经网络为例,介绍其学习过程。

首先对符号的形式及意义说明如下:

网络输入向量 $P_k = (a_1, a_2, \cdots, a_n)$;

网络目标向量 $T_k = (y_1, y_2, \cdots, y_q)$;

中间层单元输入向量 $S_k = (s_1, s_2, \cdots, s_p)$,输出向量 $B_k = (b_1, b_2, \cdots, b_p)$;

输出层单元输入向量 $L_k = (l_1, l_2, \cdots, l_q)$,输出向量 $C_k = (c_1, c_2, \cdots, c_q)$;

输入层至中间层的连接权 $w_{ij}(i=1,2,\cdots,n \quad j=1,2,\cdots,p)$;

中间层至输出层的连接权 $v_{jt}(j=1,2,\cdots,p \quad t=1,2,\cdots,q)$;

中间层各单元的输出阈值 $\theta_j(j=1,2,\cdots,p)$;

输出层各单元的输出阈值 $\gamma_t(t=1,2,\cdots,q)$;

参数 $k=1,2,\cdots,m$,为学习样本序号。

BP 神经网络学习过程及步骤如下:

(1)初始化。给每个连接权值 w_{ij}、v_{jt},阈值 θ_j、γ_t 赋予区间$(-1,1)$内的随机值。

(2)随机选取一组输入和目标样本 $P_k = (a_1^k, a_2^k, \cdots, a_n^k)$、$T_k = (y_1^k, y_2^k, \cdots, y_q^k)$

提供给网络。

（3）中间层各节点的输入 s_j 可由输入样本 $P_k=(a_1^k,a_2^k,\cdots,a_n^k)$、连接权 w_{ij} 和阈值 θ_j 通过式（8-1）计算得出，中间层各节点的输出 b_j 可以用 s_j 通过传递函数求出，即：

$$s_j=\sum_{i=1}^{n}w_{ij}a_i^k-\theta_j \quad (j=1,2,\cdots,p) \tag{8-1}$$

$$b_j=f(s_j) \quad (j=1,2,\cdots,p) \tag{8-2}$$

（4）输出层各节点的输出 L_t 可以由中间层的输出 b_j、权值 v_{jt} 和阈值 γ_t 计算得出，然后由传递函数即可计算输出层各节点的响应 C_t，即：

$$L_t=\sum_{j=1}^{p}v_{jt}b_j-\gamma_t \quad (t=1,2,\cdots,q) \tag{8-3}$$

$$C_t=f(L_t) \quad (t=1,2,\cdots,q) \tag{8-4}$$

（5）输出层的各节点一般化误差 d_t^k 可以通过目标向量 $T_k=(y_1^k,y_2^k,\cdots,y_q^k)$ 和网络实际输出 C_t 由式（8-5）计算得出，即：

$$d_t^k=(y_t^k-C_t)C_t(1-C_t) \quad (t=1,2,\cdots,q) \tag{8-5}$$

（6）中间层各节点的一般化误差 e_j^k 可以通过连接权值 v_{jt}、输出层各节点一般化误差 d_t^k 和中间层的输出 b_j 由式（8-6）计算得出，即：

$$e_j^k=\Big(\sum_{t=1}^{q}d_t^k\cdot v_{jt}\Big)b_j(1-b_j) \tag{8-6}$$

（7）连接权值 v_{jt} 和阈值 γ_t 的修正可以利用输出层各节点的一般化误差 d_t^k 与中间层各节点的输出 b_j 通过式（8-7）和式（8-8）实现，即：

$$v_{jt}(N+1)=v_{jt}(N)+\alpha\cdot d_t^k\cdot b_j \tag{8-7}$$

$$\gamma_t(N+1)=\gamma_t(N)+\alpha\cdot d_t^k \tag{8-8}$$

$$(t=1,2,\cdots,q \quad j=1,2,\cdots,p \quad 0<\alpha<1)$$

（8）连接权 w_{ij} 和阈值 θ_j 的修正可以利用中间层各节点的一般化误差 e_j^k 和输入层各节点的输入 $P_k=(a_1^k,a_2^k,\cdots,a_n^k)$ 通过式（8-9）和式（8-10）实现，即：

$$w_{ij}(N+1)=w_{ij}(N)+\beta\cdot e_j^k\cdot a_i^k \tag{8-9}$$

$$\theta_j(N+1)=\theta_j(N)+\beta\cdot e_j^k \tag{8-10}$$

$$(i=1,2,\cdots,n \quad j=1,2,\cdots,p \quad 0<\beta<1)$$

（9）接着继续随机选取一个学习样本提供给 BP 网络，从步骤（3）开始重复以上过程，直到 m 个学习样本训练完毕为止。

（10）随机地从 m 个学习样本中选取一组输入向量和目标向量,返回步骤（3）重复迭代过程,直到网络收敛为止,即全局误差 E 小于设定的某一阈值。如果全局误差始终大于预先设定的值,表明网络无法收敛。

（11）网络学习结束。

从以上步骤可以看出,第（7）~（8）步为网络误差的反向传播过程,第（9）~（10）步为完成网络训练的过程。

虽然标准的 BP 神经网络具有结构简单、泛化能力强、容错性好等优点,但是由于存在收敛速度慢和目标函数存在局部极小的问题,故在实际应用中 BP 神经网络运算速度慢、预测精度低。因此,需要对其进行改进,以取得更快的网络收敛速度和更好的预测结果。目前常用的 BP 神经网络改进措施有:动量法、自适应调整学习率法以及 L-M 优化方法等。

（1）动量法。标准 BP 算法只按照 t 时刻负梯度方向来修正权值 $W(t+1)$,并没有考虑过往时刻的梯度方向,因而会导致训练过程中产生振荡,使收敛速度缓慢。动量因子的加入可以使网络对误差曲面局部调节的敏感性降低,这样就降低了网络陷入局部极小的概率。动量法中网络学习的校正量受到前一次学习校正量的影响,因而可以加快网络的收敛速度,即:

$$\Delta W'(N)=\Delta W(N)+G\Delta W(N-1) \tag{8-11}$$

其中 G 为动量因子,$0<G<1$。

（2）自适应调整学习率法。在自适应调整学习率法中,网络学习速率 α 随误差曲面梯度的改变而改变,能有效提高网络的收敛速度。其基本思路是:首先检查权值阈值的修正是否真正降低了误差。若误差降低,说明学习效率较低,可以对其适当增加一个量;反之,则说明已经过调,应适当减小网络的学习速率。具体调整公式为:

$$\left.\begin{array}{ll}\alpha(N+1)=1.05\alpha(N) & E(N+1)>1.04E(N)\\ \alpha(N+1)=0.7\alpha(N) & E(N+1)<E(N)\\ \alpha(N+1)=\alpha(N) & 其他\end{array}\right\} \tag{8-12}$$

（3）L-M 优化方法。L-M 优化方法的权值调整策略为:

$$\Delta W=(J^{\mathrm{T}}J+UJ)^{-1}J^{\mathrm{T}}E \tag{8-13}$$

其中,J 为误差对权值微分的雅可比矩阵;E 为误差向量;U 为能自适应调整的学习速率。L-M 优化方法将梯度下降法和拟牛顿法各自的优势相结合,充分利用梯度下降法在开始阶段收敛速度快的特点和拟牛顿法在极值附近能很快产生一个理想搜索方向的特点,使得网络的收敛速度和准确率均有所提高。

8.1.2 工艺参数与电弧能量特征神经网络建模

BP 神经网络应用的关键在于网络结构的选取与参数的设计,因此 BP 神经网络的设计过程实际上是一个网络参数不断调整的过程。

8.1.2.1 网络输入/输出节点参数的确定

输入/输出节点参数与样本直接相关,只要样本格式确定,则 BP 神经网络的输入/输出节点参数可由样本格式得到。在前面所述埋弧焊电弧信息处理,以前后丝电弧电流信号的 LMD 能谱熵值作为表征电弧稳定性的特征量,因此,取前后丝电流信号的 LMD 能谱熵值作为 BP 神经网络的输出。影响双丝埋弧焊电弧稳定性的因素主要为电源特性及焊接工艺参数的搭配等,而电源特性受电源本身设计制造过程影响,在出厂时已经基本确定。因此,本章主要研究焊接工艺参数的搭配对双丝埋弧焊电弧稳定性的影响。在保持后丝电弧交流频率和占空比以及焊丝直径不变的情况下,主要考察前后丝电流、电压的大小以及双丝间距和焊接速度六个因子对焊接过程电弧稳定性和焊缝成形质量的影响规律。因此,取前后丝电流、电压的大小以及双丝间距和焊接速度等六组参数作为 BP 神经网络的输入。根据双丝埋弧焊的常用焊接规范,设置前丝电流取值分别为 550A、600A、650A、700A 和 750A,前丝电压的取值分别为 30V、32V、34V、36V 和 38V;后丝电流的取值分别为 400A、450A、500A、550A 和 600A,后丝电压的取值分别为 34V、36V、38V、40V 和 42V;双丝间距取值分别为 15mm、20mm、25mm、30mm 和 35mm;焊接速度取值分别为 60cm/min、80cm/min、100cm/min、120 cm/min 和 140cm/min。在此基础上固定后丝方波交流的频率为 80Hz,占空比为 0.5,焊丝直径 4mm,干伸长 25mm,板厚 20mm,其他条件保持不变,按照 6 因素 5 水平正交表 $L_{25}(5^6)$ 组织工艺试验,所得 25 组工艺参数搭配及其前后丝电流信号的 LMD 能谱熵作为 BP 神经网络的训练样本。

为了让 BP 神经网络的预测结果更加合理,首先需要对输入输出样本进行归一化处理,即采用简单线性变换的方式,使网络的输入输出数据均处在 [0,1] 范围之内。假设 $x_{\max}$ 和 $x_{\min}$ 是一组数据的最大值和最小值,则将这组数据进行归一化的方法为:

$$x(n) = \frac{x(n) - x_{\min}}{x_{\max} - x_{\min}} \qquad (8\text{-}14)$$

由于网络输出为电流信号的 LMD 能谱熵,其取值均在 $[0,2]$ 之间,因此只需对网络输入样本进行归一化处理。

8.1.2.2　隐含层及其节点数的确定

BP 神经网络所具有的最大特点是非线性函数的拟合。由于 BP 神经网络是通过网络输入到网络输出的计算来实现其非线性拟合功能的,所隐含层数的增多虽然可能会使预测结果更精确,但程序在实际应用中需要花费更长的运行时间。在隐含层数的确定上,有理论分析表明:隐含层数最多为两层即可。具有单隐含层的 BP 神经网络已经能够实现所有连续函数的映射,只有在对不连续函数进行逼近时,才需要大于一个隐含层的神经网络。所以,本章采用输入层-隐含层-输出层三层的结构模式来进行 BP 神经网络设计。

如何合理地选择隐含层节点的数目是神经网络设计过程中比较关键的问题,因为隐含层节点数直接关系到所设计网络预测性能的好坏[8-10]。关于如何选取合适的隐含层节点数目前并无严格的理论指导。对于这个问题,有学者提出隐含层节点数应等于输入与输出节点数之和的二分之一或者二次根的大拇指规则:

$$S=\frac{m+n}{2}+\alpha \quad \text{或} \quad S=\sqrt{m+n}+\alpha \qquad (8\text{-}15)$$

其中,m、n 分别为输入节点数和输出节点数。

另外关于隐含层节点数的确定,有 Komogorov 定理指出:对于任意连续函数,可以由一个三层网络来精确实现,其中网络输入有 m 个节点,隐含层有 $2m+1$ 个节点,输出层有 n 个节点。

但目前最常用的还是实验尝试法,即首先根据一定的规则确定隐含层节点的初始取值,然后在该初始值附近采用相同的样本训练具有不同隐含层节点数的网络,直到网络权值稳定不变为止。本文根据 Komogorov 定理,分别设置隐含层节点数为 12、13、14 来对网络进行训练,相应的误差收敛曲线如图 8-2 所示。从图 8-2 中对比可以看出,当隐含层节点数为 13 时网络收敛速度最快。

8.1.2.3　初始权值和学习速率的选择

在对网络进行初始化时,需要给各连接权值、阈值设定一个初始值。权值的初始值设置是否合理直接影响所设计网络能否最终达到设定的误差范围。如果权值初始值设置太高,会增加部分神经元的净输入,削弱了权值的调整作用。因此,对于初始权值的选取,尽量使其在输入累加时每个神经元的状态接近于零,这样可防止 $f(x_i)$ 在开始时落到曲线的平坦处而使其微商接近于零。研究表明,若

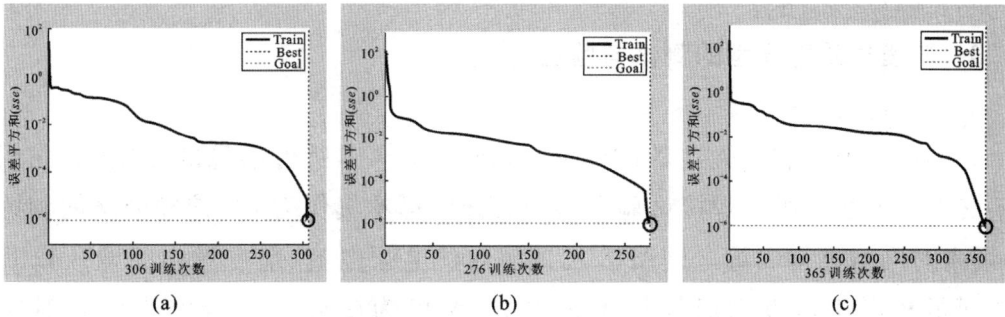

图 8-2　不同隐含层节点下的网络训练误差曲线

(a)隐含层节点数 12；(b)隐含层节点数 13；(c)隐含层节点数 14

权值的初始值相等,则在学习过程中它们将保持恒定,从而无法使网络训练误差降到最小,所以权值的初始值不能全相同。本章设计的 BP 神经网络初始权值取 $[-1,1]$ 之间的随机数,权值取值既小又各不相同,这样可以保证每个神经元一开始就在它们的转换函数变化最大的地方进行。

　　BP 算法的有效性和收敛性在很大程度上取决于学习速率 η 的取值。η 的最优值与具体问题相关,没有对任何问题都适合的 η 值。为了避免网络在训练过程中陷入局部极小,设定训练次数的上限为 10000 次,并确定训练目标误差为 0.000001来进行网络训练。通过取不同的 η 参数值不断地训练网络,当权值达到较稳定状态后,发现学习速率初始值 $\eta=0.03$ 时网络学习效果最理想。

8.1.2.4　工艺参数与电弧能量特征非线性映射模型

　　根据以上内容,设计双丝埋弧焊工艺参数与电弧能量稳定性特征 BP 神经网络非线性映射模型结构如图 8-3 所示。其中 e_1、e_2 分别为前后丝电流信号对应的 LMD 能谱熵值。

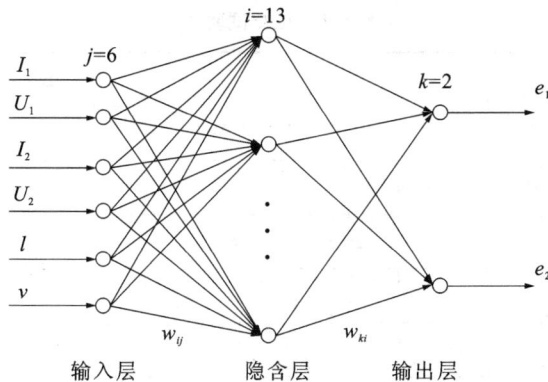

图 8-3　工艺参数与电弧能量特征非线性映射模型结构

8.1.3 非线性映射模型的测试与验证

为了在合理控制试验次数的同时,保证试验样本所得信息的完整性,我们采用正交设计方法来组织焊接试验。将正交试验样本集作为 BP 神经网络的训练样本,用来对网络进行训练。网络输入为前后丝电弧电流、前后丝电弧电压以及前后丝间距和焊接速度六组焊接工艺参数,输出为前后丝各自电流信号对应的 LMD 能谱熵值。

根据正交试验设计原理组织工艺试验来进行网络训练样本的采集。在保证双丝埋弧焊电弧稳定和焊缝成形良好的情况下,保持交流频率和占空比以及焊丝直径不变的情况下,主要考察前后丝电流、电压的大小以及双丝间距和焊接速度六个因子对焊接过程电弧稳定性和焊缝成形质量的影响规律。

根据双丝埋弧焊的常用焊接规范,设置前丝电流取值分别为 550A、600A、650A、700A 和 750A,前丝电压的取值分别为 30V、32V、34V、36V 和 38V;后丝电流的取值分别为 400A、450A、500A、550A 和 600A,后丝电压的取值分别为 34V、36V、38V、40V 和 42V;双丝间距取值分别为 15mm、20mm、25mm、30mm 和 35mm;焊接速度取值分别为 60cm/min、80cm/min、100cm/min、120 cm/min 和 140 cm/min;固定后丝方波交流的频率为 80Hz,占空比为 0.5,焊丝直径 4mm,干伸长 25mm,板厚 20mm,其他条件保持不变,按照 6 因素 5 水平正交表组织双丝埋弧焊工艺试验,所得试验数据如表 8-1 所示。有研究表明,采用完备的正交试验样本集来对 BP 神经网络进行训练,则通过该网络可以把与训练样本具有相同影响因子的所有样本对应的取值高精度地预测出来,训练流程如图 8-4 所示。

表 8-1 正交试验表

编号	I_1/ A	U_1/ V	I_2/ A	U_2/ V	l/ mm	v/ (cm·min⁻¹)	LMD 能谱熵 I_1	LMD 能谱熵 I_2	焊缝成形情况
1	550	30	400	34	15	60	1.2352	1.1726	正常
2	550	32	450	36	20	80	1.1884	1.1132	正常
3	550	34	500	38	25	100	1.1650	1.2185	正常
4	550	36	550	40	30	120	1.3943	1.4294	咬边
5	550	38	600	42	35	140	1.3418	1.2657	正常

编号	I_1/ A	U_1/ V	I_2/ A	U_2/ V	l/ mm	v/ (cm·min⁻¹)	LMD 能谱熵		焊缝成形情况
							I_1	I_2	
6	600	30	450	38	30	140	1.3780	1.4060	咬边
7	600	32	500	40	35	60	1.2774	1.1068	正常
8	600	34	550	42	15	80	1.3013	1.2178	正常
9	600	36	600	34	20	100	1.4591	1.5190	咬边
10	600	38	400	36	25	120	1.4964	1.5017	驼峰
11	650	30	500	42	20	120	1.1579	1.1930	正常
12	650	32	550	34	25	140	1.4361	1.3959	驼峰
13	650	34	600	36	30	60	1.4067	1.3745	咬边
14	650	36	400	38	35	80	1.2159	1.2532	正常
15	650	38	450	40	15	100	1.2483	1.1472	正常
16	700	30	550	36	35	100	1.2585	1.2008	正常
17	700	32	600	38	15	120	1.2274	1.2380	正常
18	700	34	400	40	20	140	1.2430	1.2528	正常
19	700	36	450	42	25	60	1.3173	1.2694	正常
20	700	38	500	34	30	80	1.4144	1.3500	咬边
21	750	30	600	40	25	80	1.2899	1.3025	正常
22	750	32	400	42	30	100	1.3983	1.4576	驼峰
23	750	34	450	34	35	120	1.4925	1.4540	驼峰
24	750	36	500	36	15	140	1.2687	1.3069	正常
25	750	38	550	38	20	60	1.3517	1.4204	咬边

以正交试验表中所示 I_1、U_1、I_2、U_2、l、v 六组焊接工艺参数作为 BP 神经网络的输入，I_1 和 I_2 的 LMD 能谱熵值作为目标向量，对所设计的 BP 神经网络进行训练。确定网络学习速率为 0.03，目标函数均方误差为 0.000001，隐含层节点数为 13。隐含层传递函数选 logsig 对数 S 型函数，输出层采用 purelin 线性传递函数。网络训练误差收敛曲线如图 8-5 所示，经 276 步训练后达到所设定的目标误差。

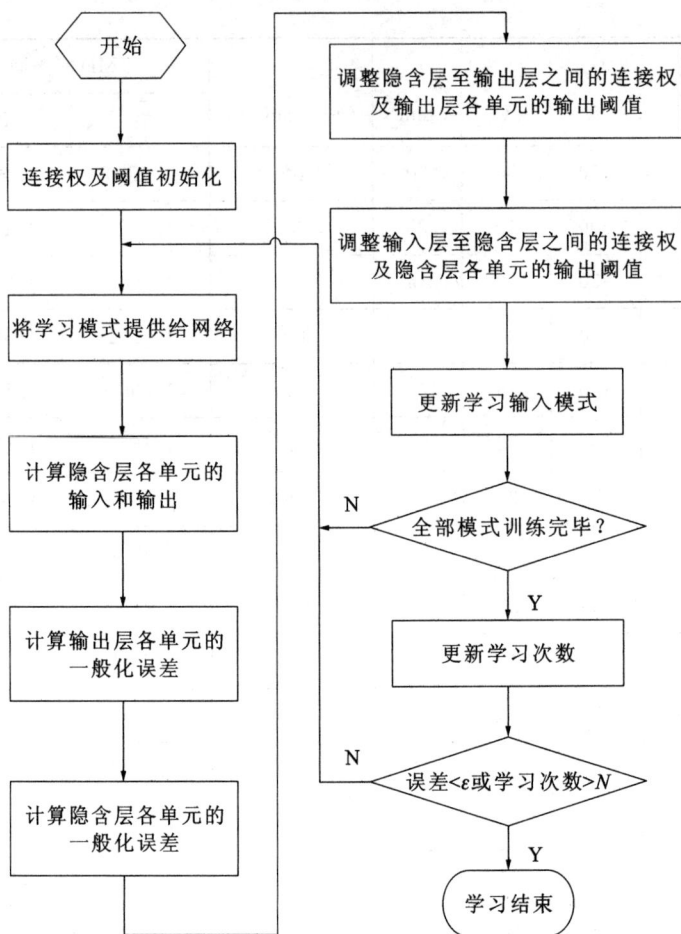

图 8-4　BP 神经网络训练流程

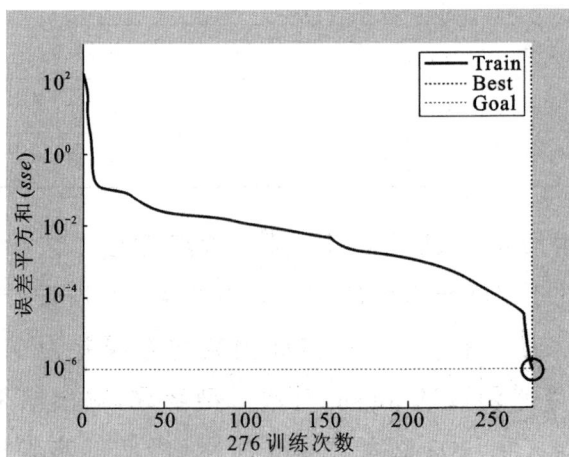

图 8-5　网络训练误差收敛曲线

　　为了对所设计 BP 神经网络预测性能进行测试,我们设计了与正交样本集有相同影响因子和水平,但搭配不同的十组工艺参数进行焊接试验,同样采集两根电弧的电流信号进行 LMD 能谱熵的计算,结果如表 8-2 所示。从表 8-2 中 LMD能谱熵计算结果可知,编号为 2、5、7、9 的四组参数对应的前后丝电弧电流信号的LMD 能谱熵值明显比其他六组大,因此这四组参数对应的电弧稳定性较差。同时从焊缝成形情况也可以看出,第 2、5、7、9 组参数对应的焊缝成形较其他六组差。

表 8-2　网络测试样本

编号	$I_1/$ A	$U_1/$ V	$I_2/$ A	$U_2/$ V	$l/$ mm	$v/$ (cm·min^{-1})	LMD 能谱熵 I_1	I_2	焊缝成形情况
1	550	32	450	34	20	60	1.2343	1.2575	正常
2	550	36	600	38	15	140	1.4301	1.5324	咬边
3	600	34	500	38	25	100	1.2645	1.1783	正常
4	600	38	450	42	30	120	1.3116	1.2240	正常
5	650	30	400	40	35	80	1.4238	1.3879	驼峰
6	650	30	550	36	30	100	1.1808	1.2136	正常
7	700	32	600	36	35	60	1.3802	1.4199	咬边
8	700	34	550	42	15	80	1.2446	1.2383	正常
9	750	36	400	34	20	120	1.5429	1.4796	驼峰
10	750	38	500	40	25	140	1.3088	1.2158	正常

　　将以上测试样本输入已训练好的 BP 神经网络模型进行测试,所得预测结果如图 8-6(a)、(b)所示。其中图 8-6(a)为前丝电流 I_1 所对应的 LMD 能谱熵计算值和预测值对比图,图 8-6(b)为后丝电流 I_2 所对应的 LMD 能谱熵计算值和预测值对比图。从两图中可以很清楚看出,对应于 LMD 能谱熵的计算结果,第 2、5、7、9 组参数下的电弧电流信号能谱熵预测值同样较其他几组要大。两组电流信号LMD 能谱熵预测相对误差分别为 5.83% 和 4.79%,表明所设计的双丝埋弧焊工艺参数与电弧能量特征 BP 神经网络模型能够满足精度要求,可以实现对双丝电弧稳定性的有效预测。

表 8-3 双丝电流信号 LMD 能谱熵计算与预测结果

实验号	1	2	3	4	5	6	7	8	9	10
I_1 计算值	1.2343	1.4301	1.2645	1.3116	1.4238	1.1808	1.3802	1.2446	1.5429	1.3088
I_1 预测值	1.2470	1.6283	1.1378	1.2706	1.4516	1.3157	1.4999	1.2614	1.4684	1.2820
I_2 计算值	1.2575	1.5324	1.1783	1.2240	1.3879	1.2136	1.4199	1.2383	1.4796	1.2158
I_2 预测值	1.1776	1.6596	1.1256	1.2091	1.3612	1.3325	1.4245	1.2200	1.5560	1.3241

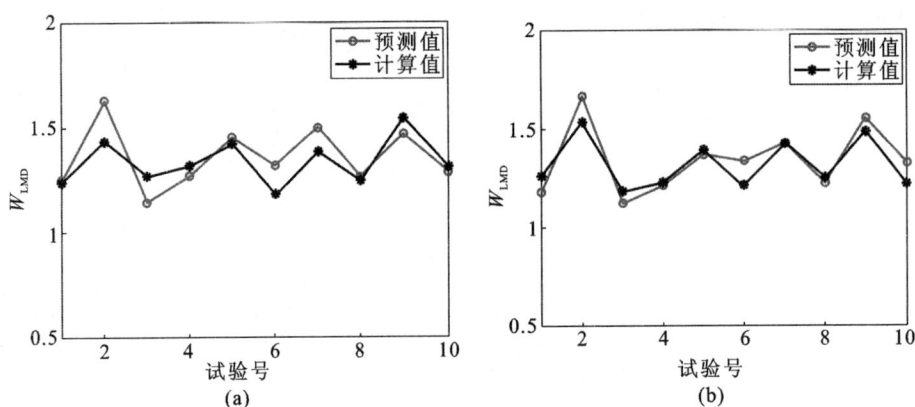

图 8-6 双丝电流信号 LMD 能谱熵预测结果

(a) I_1 的 LMD 能谱熵预测结果；(b) I_2 的 LMD 能谱熵预测结果

8.2 支持向量机分类原理

SVM 是由线性可分情况下的最优分类面所发展起来的。假设有两类线性可分样本集合：

$$(x_i, y_i), i = 1, \cdots, n, \quad x_i \in \mathbf{R}^d, \quad y_i \in \{+1, -1\} \tag{8-16}$$

可以确定一个超平面：

$$f(x) = (w \cdot x) + b = 0 \tag{8-17}$$

式中 $w = [w_1, w_2, \cdots, w_n]$ 是确定一个超平面的权重向量，b 为常数。完全没有错误地分开，并且离超平面最近的向量与超平面之间的距离是最大的，则这个超平面称为最优超平面，如图 8-7 所示，图中的实心点和空心点分别代表的是两类样本，H 是把两类样本分开的分类线，H_1 和 H_2 分别是各类样本中离分类线最近的样本，而且平行于分类线。图 8-7 中 H 使得 H_1 和 H_2 之间的距离，也就是分类间隔（margin）最大，故为最优分类线，把最优分类线推广到多维空间，就是最优分类面[11-13]。

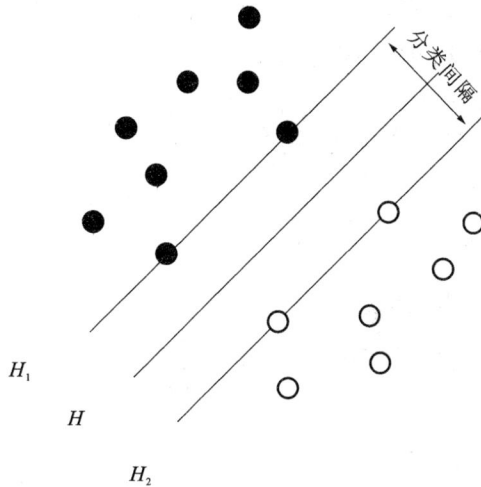

图 8-7　最优分类面示意图

对权重向量 w 作归一化处理，使得两类 x^+ 和 x^- 实现函数间隔为 1，即：

$$\left.\begin{array}{ll} w \cdot x_i^+ + b \geqslant 1 & \text{when } y_i = +1 \\ w \cdot x_i^- + b \leqslant 1 & \text{when } y_i = -1 \end{array}\right\} \tag{8-18}$$

上式可简写为：

$$y_i(w \cdot x_i + b) \geqslant 1 \tag{8-19}$$

结合式（8-16）、式（8-17），分类间隔：

$$M_{\text{argin}} = \min \frac{w \cdot x_i^+ + b}{\|w\|} - \max \frac{w \cdot x_i^- + b}{w} = \frac{2}{\|w\|} \tag{8-20}$$

所以最大分类间隔的问题就转化为 $\|w\|$ 最小的问题。

定理　对于式（8-16）所示的线性可分样本，求解优化问题：

$$\left.\begin{array}{ll} \text{minimise}_{w,b} & (w \cdot w) \\ \text{subject to} & y_i(w \cdot x_i + b) \geqslant 1 \end{array}\right\} \tag{8-21}$$

可以得到最优超平面 (w, b)。

上述方法在保证训练样本全部被正确分类（即经验风险为零）的前提下，通过最大化分类间隔来获得最好的推广性能。当最优分类面不能把两类样本完全分开时，通过引入惩罚因子 C 和松弛因子 ξ，在经验风险和推广性能之间求得某种均衡，允许错分样本的存在，则式（8-21）的最优化问题可转化为：

$$\left.\begin{array}{ll} \text{minimise}_{w,b} & w \cdot w + C \sum_{i=1}^{n} \xi_i \\[2mm] \text{subject to} & y_i(w \cdot x_i + b) \geqslant 1 - \xi_i \end{array}\right\} \tag{8-22}$$

求线性可分样本的最优分类面可通过拉格朗日定理转化为对偶问题,式 (8-22)的最优化问题的拉格朗日函数为:

$$L(w,b,\xi,\alpha) = \frac{1}{2}w \cdot w + \frac{C}{2}\sum_{i=1}^{n}\xi_i^2 - \sum_{i=1}^{n}\alpha_i[y_i(w \cdot x_i + b) - 1 + \xi_i] \tag{8-23}$$

式中 $\alpha_i \geqslant 0$ 是拉格朗日乘子。

对 w、ξ、b 求偏导,置零,得:

$$\left.\begin{array}{l} \dfrac{\partial L(w,b,\xi,\alpha)}{\partial w} = w - \sum_{i=1}^{n} y_i \alpha_i x_i = 0 \\[4mm] \dfrac{\partial L(w,b,\xi,\alpha)}{\partial \xi} = C\xi - \alpha = 0 \\[4mm] \dfrac{\partial L(w,b,\xi,\alpha)}{\partial b} = \sum_{i=1}^{n} y_i \alpha_i = 0 \end{array}\right\} \tag{8-24}$$

代入式(8-23),得到修正的对偶目标函数:

$$L(w,b,\xi,\alpha) = \sum_{i=1}^{n}\alpha_i - \frac{1}{2}\sum_{i,j=1}^{n} y_i y_j \alpha_i \alpha_j (x_i,x_j) - \frac{1}{2C}(\alpha,\alpha) \tag{8-25}$$

因此在 α 上最大化目标函数为:

$$W(\alpha) = \sum_{i=1}^{n}\alpha_i - \frac{1}{2}\sum_{i,j=1}^{n}\alpha_i \alpha_j y_i y_j \left[(x_i,x_j) + \frac{1}{C}\delta_{ij}\right] \tag{8-26}$$

则式(8-21)的对偶描述可表示为:

$$\left.\begin{array}{ll} \text{maximise} & W(\alpha) = \sum_{i=1}^{n}\alpha_i - \frac{1}{2}\sum_{i,j=1}^{n}\alpha_i \alpha_j y_i y_j \left[(x_i,x_j) + \frac{1}{C}\delta_{ij}\right] \\[4mm] \text{subject to} & \sum_{i=1}^{n}\alpha_i y_i = 0 \\[4mm] & \alpha_i \geqslant 0, \quad i = 1,\cdots,n \end{array}\right\} \tag{8-27}$$

式中 $\delta_{ij} = \{1|i=j; 0|i \neq j\}$。最优分类超平面:

$$f(x) = (w,x) + b = \sum_{i=1}^{n}\alpha_i y_i(x_i,x) + b \tag{8-28}$$

对应的 Karush-Kuhn-Tucher 互补条件是:

$$\alpha_i\{[y_i(x_i,w) + b] - 1 + \xi_i\} = 0 \tag{8-29}$$

这意味着只有靠近超平面的点对应的 α_i 非零,其他点对应的参数 α_i 为零,也就是说对分类起关键作用的只有 $\alpha_i \neq 0$ 的少数点,称为支持向量。

对非线性分类问题,若在原始空间中的最优分类面不能得到满意的分类效果,可通过非线性映射 $\varphi: R^n \rightarrow F, x \rightarrow \varphi(x)$ 将原空间 R^n 中的样本 x 映射到高维线性可分特征空间 F,待分类的样本变为:$\{\varphi(x_1), \varphi(x_2), \cdots, \varphi(x_n)\}$,非线性映射 φ 在一般情况下难以求解,通过引入核函数 $K(x_i, x_j)$ 可以巧妙地解决这个问题。在特征空间构造出最优分类面:

$$f(x) = \sum_{i=1}^{n} \alpha_i y_i [\phi(x_i), \varphi(x)] + b = \sum_{i=1}^{n} \alpha_i y_i k(x_i, x) + b \qquad (8\text{-}30)$$

通过选择不同的核函数,可以构造出不同的支持向量机的分类器。

在焊接质量检测中,多类 SVM 分类问题可看成是多个二分类问题的组合。目前常见的 SVM 多分类方法有一对多(One Against All, OAA)算法、一对一(One Against One, OAO)算法和有向无环图(Directed Acyclic Graph, DAG)算法[14-17]。在通常情况下,RBF 核函数和一对一分类法将获得更高的分类精度,因此,本文选用一对一分类法来构建某类型特种车辆变速箱圆柱滚子轴承的多类 SVM 分类器。设有 k 类训练样本,则构造 $k(k-1)/2$ 个二分类器,对于每个二分类器,取样本训练集的两类样本进行训练,待测样本数据的类型可以使用投票法组合二分类器来确定,从中选取得票最多的类来确定待测样本数据的类型。

8.3 基于 LMD 能量熵与 SVM 的焊接缺陷智能检测

8.3.1 原理与方法

工艺参数搭配是否合理直接决定焊接过程电弧能量信号特征,进而影响电弧稳定性和焊缝成形质量。利用局部均值分解对采集的电弧电流信号进行自适应分解,获得若干个具有真实物理意义的 PF 分量,并对每一个 PF 分量进行能量熵计算,并以此作为支持向量机分类器的输入来评价焊接工艺参数搭配是否合理以及识别焊接电弧的稳定性和焊缝成形质量。

基于 LMD 能量熵和支持向量机分类器的焊接质量检测方法流程图如图 8-8
所示,该检测方法步骤如下:

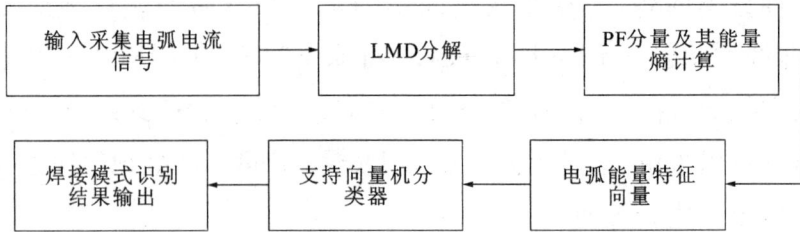

图 8-8　基于 LMD 能量熵和支持向量机分类器的焊接质量检测方法流程图

(1) 按正交试验方案给定工艺参数进行焊接试验,同时进行电弧电流信号数
据采集,得到电弧电流信号数据训练和测试样本。

(2) 对每一个电弧电流信号数据样本进行 LMD 分解,得到 n 个 PF 分量,每
个 PF 分量对应一个数据样本$\{x_{pt}\}$($p=1,2,\cdots,n;t=1,2,\cdots,N$),进行能量归一
化,得到新的时间序列$\{\hat{x}_{pt}\}$($t=1,2,\cdots,N$),进行数据归一化的目的是为了消除
原始采样信号的幅值对系统状态特征参数提取的影响。

(3) 将每个数据样本$\{\hat{x}_{pt}\}$等长度分成 m 段数据,求每段数据的总能量 E_i,相
应地可计算出每个 PF 分量的能量 $E_1,E_2,\cdots,E_m$。

(4) 定义每个 PF 分量的能量熵值为特征能量:

$$S_p(q) = -\sum_{i=1}^{m} q_i \log_2 q_i \qquad (8\text{-}31)$$

式中,$q_i = E_i/E$ 表示每个 PF 分量等分后第 i 段数据的能量在总能量 $E =
\sum_{i=1}^{m} E_i$ 中的比重;根据熵的基本性质,q_i 分布越均匀,能量熵值越小,反之能量熵值
越大,PF 分量的能量熵值反映了焊接过程电弧能量分布均匀程度,即可以刻画电
弧稳定程度和焊缝成形质量。

(5) 对每个电弧电流数据样本可以构造一个 n 维的能量特征向量矩阵 $\boldsymbol{T} =
[S_1,S_2\cdots,S_n]$,可作为特征向量输入支持向量机。

(6) 建立支持向量机组成的焊缝成形质量分类器。将电弧能量特征向量 $\boldsymbol{T}$ 输
入支持向量机,对支持向量机进行训练。如果要区分正常、咬边和驼峰三种焊缝
成形状态,只需设计 2 个分类器即可。对 SVM1 定义 $y = +1$ 表示咬边,$y = -1$
表示正常或驼峰,即用 SVM1 将正常分离出来;再对 SVM2 定义 $y = +1$ 表示正
常,$y = -1$ 表示驼峰,即用 SVM2 将驼峰焊道分离出来。如果有更多类型的焊缝

成形类型需要识别,则可依次设计 SVM3、SVM4 等对其余焊缝成形类型进行一一识别。

(7) 采集测试电弧电流信号,按照步骤(2)、(3)、(4)、(5)形成特征向量 *T*,并将其作为 SVM 分类器的输入,以 SVM 分类器的输出来识别焊接工艺搭配合理性、电弧稳定性和焊缝成形质量类型。

8.3.2 应用

采用正交法设计试验方案,在给定不同焊接电压、电流、焊接速度等工艺参数的条件下进行埋弧焊堆焊试验,采集相对应焊接工艺参数的电信号数据,试验方案及焊缝成形结果如表 8-4 所示,18 组试验中得到焊缝成形情况分别有正常(焊道表面整齐、光滑)、咬边(焊道表面边角不整齐、凹陷)和驼峰(焊道中有明显高低起伏、不连续、有凹陷),对每组试验过程采集的电弧电流信号进行 LMD 分解、PF 分量特征向量构建,表 8-5 列出了试验 1、7 和 14 计算得到的 PF 分量特征向量,从表 8-5 可以看出,不同类型的焊缝成形,经过 LMD 分解后得到 PF 分量的能量熵值各不相同,说明 PF 分量的能量熵值能作为支持向量机的输入向量。分别提取试验中焊接工艺参数或焊缝成形类型和相对应计算得到 PF 分量特征向量,便可构成用于识别焊接工艺合理性和焊缝质量的训练样本。将提取出来的特征向量输入到由 3 个支持向量机组成的焊接质量分类器中进行训练。同时,设计测试试验方案,用于测试焊接质量分类器分类效果,并将每组测试试验方案计算出的特征向量,输入已经训练好的支持向量机中进行焊接质量的模式识别,其结果如表 8-6 所示。

表 8-4 交流方波埋弧焊正交试验方案及焊缝成形结果

序号	电流/A	电压/V	频率/Hz	占空比	焊接速度/(m·min⁻¹)	焊缝成形情况
1	400	36	50	0.3	0.6	正常
2	400	38	80	0.5	1.0	咬边
3	400	40	100	0.8	1.4	驼峰
4	500	36	80	0.5	0.6	正常
5	500	38	100	0.3	1.0	咬边
6	500	40	50	0.3	1.4	驼峰

续表 8-4

序号	电流/A	电压/V	频率/Hz	占空比	焊接速度/(m·min⁻¹)	焊缝成形情况
7	600	36	50	0.8	1.0	咬边
8	600	38	80	0.3	1.4	驼峰
9	600	40	100	0.5	0.6	正常
10	400	36	100	0.5	1.4	驼峰
11	400	38	50	0.8	0.6	正常
12	400	40	80	0.3	1.0	咬边
13	500	36	100	0.3	1.0	咬边
14	500	38	50	0.5	1.4	驼峰
15	500	40	80	0.8	0.6	正常
16	600	36	80	0.8	1.4	驼峰
17	600	38	100	0.3	0.6	正常
18	600	40	50	0.5	1.0	咬边

表 8-5　三种焊缝成形类型对应电弧电流信号特征向量

试验序号	焊缝成形类型	特征向量				
		S_1	S_2	S_3	S_4	S_5
1	正常	2.9984	2.4598	2.5138	2.4282	3.3693
7	咬边	3.9235	3.3980	3.7201	3.8564	3.8680
14	驼峰	4.4189	4.8995	4.8009	4.2463	3.0882

表 8-6　支持向量机测试结果

序号	焊接电弧参数					焊缝成形情况	SVM 分类器		分类结果
	电流/A	电压/V	频率/Hz	占空比	焊接速度/(m·min⁻¹)		SVM1 分类结果	SVM2 分类结果	
1	430	36	50	0.3	0.6	正常	−1	+1	正常
2	460	38	80	0.5	1.0	咬边	+1		咬边
3	490	40	100	0.8	1.4	驼峰	−1	−1	驼峰
4	520	40	100	0.8	1.4	驼峰	−1	−1	驼峰

序号	焊接电弧参数					焊缝成形情况	SVM 分类器		分类结果
	电流/A	电压/V	频率/Hz	占空比	焊接速度/(m·min⁻¹)		SVM1 分类结果	SVM2 分类结果	
5	550	38	80	0.5	1.0	咬边	+1		咬边
6	580	36	50	0.3	0.6	正常	−1	+1	正常

从表 8-6 中可以看出,将得到各个 PF 分量能量熵构建的电弧特征向量,作为支持向量机分类器的输入来对焊缝成形类型进行分类。能有效实现对焊接工艺参数搭配合理性、电弧的稳定性和焊缝成形质量的辨识。而且支持向量机能够对测试样本进行正确率很高的识别,说明基于 LMD 能量熵和 SVM 的焊接质量检测方法是有效的。

8.4 双丝埋弧焊工艺参数智能优化

8.4.1 双丝埋弧焊工艺参数优化模型

在建立双丝埋弧焊工艺参数和电弧能量稳定性特征非线性映射模型的基础上,对双丝埋弧焊进行工艺参数优化建模,结合智能优化算法,寻找快速收敛于全局最优解的优化策略,是实现焊接工艺参数优化的关键。本小节针对逆变式双丝埋弧焊两电弧电流、电压、双丝间距以及焊接速度六组主要工艺参数进行优化建模,分别确定优化模型对应的优化变量、目标函数以及边界条件,得到双丝埋弧焊工艺参数优化数学模型。

8.4.1.1 优化变量

在双丝埋弧焊过程中,前丝电流 I_1、前丝电压 U_1、后丝电流 I_2、后丝电压 U_2、双丝间距 l 以及焊接速度 v 对电弧稳定性和焊缝成形质量产生直接影响,而且各个参数之间必须搭配合理才能使焊接过程达到更稳定的状态,获得更好的焊缝成形质量。因此,选择前丝电流 I_1、前丝电压 U_1、后丝电流 I_2、后丝电压 U_2、双丝间距 l 以及焊接速度 v 作为优化变量,表示为:

$$X = \begin{pmatrix} x_1 \\ x_2 \\ x_3 \\ x_4 \\ x_5 \\ x_6 \end{pmatrix} = \begin{pmatrix} I_1 \\ U_1 \\ I_2 \\ U_2 \\ l \\ v \end{pmatrix} \qquad (8\text{-}32)$$

由于焊接工艺参数可调节范围由焊接设备物理性能决定，故 I_1、U_1、I_2、U_2、l 以及 v 的取值范围均受到设备本身输出特性的限制。根据本课题研究所搭建双丝埋弧焊试验平台的输出特性，结合第 4 章正交试验设计的工艺参数选取范围，确定各优化变量的约束条件如下：

$$\left. \begin{aligned} &550 \leqslant I_1 \leqslant 750 ; 400 \leqslant I_2 \leqslant 600 \\ &30 \leqslant U_1 \leqslant 38 ; 34 \leqslant U_2 \leqslant 42 \\ &15 \leqslant l \leqslant 35 ; 60 \leqslant v \leqslant 140 \end{aligned} \right\} \qquad (8\text{-}33)$$

8.4.1.2　目标函数

由建立的双丝埋弧焊工艺参数和电弧能量稳定性特征非线性映射模型可知，只要已知焊接过程中的前丝电流 I_1、前丝电压 U_1、后丝电流 I_2、后丝电压 U_2、双丝间距 l 以及焊接速度 v，即可由 BP 神经网络模型计算出双丝电弧电流信号对应的 LMD 能谱熵，从而可以根据熵值的大小来判别焊接电弧的稳定性。根据第 3 章所述基于电弧电流信号 LMD 能谱熵的焊接电弧的稳定性评估方法可知，电弧电流信号对应的 LMD 能谱熵值越小则电弧越稳定。因此，工艺参数优化模型将以 BP 神经网络模型所计算得到的电弧电流信号 LMD 能谱熵值最小为优化目标，得到式(8-34)所示目标函数：

$$\min f[X] = f_o [w_2 f_l (w_1 X + b_1) + b_2] \qquad (8\text{-}34)$$

其中，X 为优化变量；w_1、b_1 分别为输入层到隐含层的连接权值矩阵和隐含层神经元的阈值向量；w_2、b_2 分别为隐含层到输出层的连接权值矩阵和输出层神经元的阈值向量；f_l、f_o 分别为隐含层和输出层的传递函数，这里分别为 S 型函数和线性变换函数。为了简化、优化模型，在适应度函数的程序编写中将神经网络映射模型的两个输出量进行加权平均处理，即以双丝电流信号 LMD 能谱熵加权平均最小为优化目标。

8.4.1.3　工艺参数优化模型

综上所述，即可得到逆变式双丝埋弧焊工艺参数优化模型如下：

$$
\left.\begin{aligned}
&\min f[X] = f_o\big[\boldsymbol{w}_2 f_l(\boldsymbol{w}_1 X + \boldsymbol{b}_1) + \boldsymbol{b}_2\big] \\
&550 \leqslant I_1 \leqslant 750; \quad 400 \leqslant I_2 \leqslant 600 \\
&30 \leqslant U_1 \leqslant 38; \quad 34 \leqslant U_2 \leqslant 42 \\
&15 \leqslant l \leqslant 35; \quad 60 \leqslant v \leqslant 140
\end{aligned}\right\}
\tag{8-35}
$$

该模型以逆变式双丝埋弧焊六组主要工艺参数为优化变量,以工艺参数和电弧能量稳定性特征非线性映射模型作为目标函数,以电弧能量稳定性特征即双丝电流信号的 LMD 能谱熵最小为优化目标,对特定边界条件范围内的双丝埋弧焊工艺参数进行优化求解,实现两电弧电流、电压、双丝间距以及焊接速度等多参数的优化匹配,以获得各焊接电弧所需的最佳能量和整体搭配比例,达到高速优质的焊接效果。

8.4.2　双丝埋弧焊工艺参数智能优化求解

8.4.2.1　粒子群优化算法

粒子群优化算法(PSO)是一种新型仿生随机搜索优化算法,它起源于对鸟类社会群体运动行为的研究,最早于 1995 年由 Kennedy 和 Eberhart 提出[18]。PSO 以揭示群体运动规律为切入点,通过粒子在目标空间对最优位置进行追踪来进行优化搜索,避免了类似遗传算法的交叉、变异等操作,具有调节参数少并且易于实现的优点。

粒子群算法是在生物群体内信息共享的基础上,通过个体间的相互帮助来寻求最优解。鸟群在觅食的运动过程中,具有既分散又集中的特点。但群体中总是存在对食物所在位置比较敏感的个体,由于拥有比其他个体更准确的信息,在群体觅食运动中它会作为食源所在地的导向。而在鸟类群体运动中,个体之间随时都存在信息的交流,当然也包括有关食物所在位置的信息。所以,在这种相互交流中,鸟群会接连地跟随同伴飞向食源所在的地方,最终形成在食源附近的群集。粒子群算法就是从类似生物群体觅食的行为特征中得到启发并将其应用于优化问题的求解。综合利用"社会信息"和"自身信息"来不断更新粒子的速度和位置,从而最终达到最优值[19]。

在粒子群算法中,一系列简单的实体(即粒子)被放置于某个问题或者目标函数的搜索空间,其中每个粒子所在的位置代表着目标函数在该点的取值。每个粒子根据其自身目前所找到的最好位置以及群体中其他一个或多个粒子所找到的最好位置来确定其在搜索空间的运动方向。当所有的粒子都执行完成在搜索空间的移动后再接着进行下一次的迭代搜索，直到粒子群整体移动到搜索空间的一个最佳点附近为止。

假设粒子群的搜索空间为 D 维，则粒子群中的每个个体均由一个三维向量组成：分别为粒子的当前位置 x_i，该粒子所找到的历史最好位置 p_i 以及粒子的运动速度 v_i。其中当前位置 x_i 可以看成是描述搜索空间中某个点的一组坐标。在算法的每一次迭代中，每一个粒子的当前位置即为优化问题的一个解，如果该位置比目前为止所有找到的其他位置都更好，则其坐标将会被存入第二个向量 p_i 中。粒子到目前为止所找到的目标函数最优解为 p_{besti}，提供给后续的迭代过程作对比用。目标函数的取值在粒子不断寻找和更新 p_i 以及 p_{besti} 的过程中得到优化。粒子通过综合当前位置 x_i 和当前运动速度 v_i 来确定新的位置。在粒子群中，任何一个单独的粒子并不具有寻求问题的解的能力，必须将所有粒子看成一个社会群体，在群体的相互交流中实现粒子位置的更新和问题的求解。每个粒子都会与群体中相邻的某个粒子进行信息交流，而这个过程又会受到某个已经找到群体最优位置的粒子所传递信息的影响。将这个群体最优位置的坐标记作 p_g，该位置对应的目标函数的解记作 g_{best}。粒子群算法正是通过个体之间信息交流，使得粒子不断地向最优解所在的位置靠近，最终实现优化问题的求解。

基本粒子群算法实现过程如下[20]：

(1) 给 D 维搜索空间的粒子赋予随机的初始位置和速度；

(2) 对于每个粒子，采用设计好的适应度函数计算其对应的适应度值；

(3) 将每个粒子的适应度值与其自身历史最优适应值 p_{besti} 进行比较，如果当前值比 p_{besti} 更优，则将当前值设为历史最优值 p_{besti}；

(4) 将所有粒子的历史最优值 p_{besti} 进行比较，确定群体最优值 g_{best}；

(5) 根据式(8-36)更新每个粒子的速度和位置，即：

$$\left.\begin{aligned}v_i &= v_{i-1} + c_1 r_1 (p_i - x_i) + c_2 r_2 (p_g - x_i)\\ x_i &= x_{i-1} + v_i\end{aligned}\right\} \tag{8-36}$$

其中，x_i 表示粒子当前位置；v_i 表示粒子的运动速度；p_i 表示粒子自身历史最优位置；p_g 表示群体历史最优位置；c_1、c_2 表示学习因子，用来调整个体历史最优值和群体最优值对寻优过程的影响力度；r_1、r_2 是[0,1]内的随机数。

(6) 当迭代次数达到设定的最大值或者最优适应值达到设定的条件时，迭代过程停止。

从算法实现过程可以看出,基本 PSO 算法设计中通过给不同影响因子添加权值以实现粒子间相互协作,而且算法中各参数均可由实际情况来单独设定,充分体现了算法的灵活性和适应性。

8.4.2.2 粒子群算法的参数设置

参数的设置是否合理关系到基本粒子群算法的应用效果,在实际应用中,必须根据实际需求,具体问题具体分析,通过不断的修改来获得满意的参数搭配。国内外学者在对粒子群算法的研究中发现和积累了一些参数设置的规律,他们发现在某些特定的参数搭配范围内粒子群优化算法的应用效果更好。

根据众多学者的研究总结,粒子群优化算法中常用的参数设置规律如下[21]:

(1)种群粒子数 N。种群越大,完成一次迭代所需要的时间越长,对应的迭代次数会减少。如果种群太小,算法很容易陷入局部极值,无论迭代多少次也无法跳出;种群太大会导致每次迭代的进化效果有限,且费时较长,在获得同样最优解的情况下需要更长的等待时间,并不划算。种群大小一般取为 $20\sim50$。但对于较难求解的问题或者特定类别的寻优过程,种群规模可达到 100 或 200。

(2)粒子的飞行速度 v_{max} 和 v_{min}。v_{max} 决定粒子在一次循环中的最大移动距离,通常根据实际问题人为设定。如果 v_{max} 取值太大,则粒子容易越过最优区域,或是在最优解附近徘徊,导致出现振荡;若取值太小,则粒子可能在个体历史最优位置和全局最优位置的牵引作用下,快速飞向局部极值,不能充分地探测局部极值以外的区域,削弱了粒子的扩展探测能力。假设第 D 维搜索空间定义为区间 $[-x_{max}, +x_{max}]$,则一般取 $v_{max}=kx_{max}$,$0.1 \leqslant k \leqslant 0.2$,搜索空间的每一维都采用类似的方法来设定。$v_{min}$ 决定了一个粒子的最小移动距离,通常取 0,因为随着迭代过程的进行,粒子的移动距离越来越小,且在即将到达最优位置时接近 0。

(3)学习因子 c_1,c_2。学习因子 c_1、c_2 分别与 r_1、r_2 的乘积决定粒子受自身最优位置和历史最优位置牵引的大小,由于 r_1、r_2 取 $[0,1]$ 之间的数,c_1、c_2 此时起到基数的作用。c_1、c_2 越大,牵引的效果越明显。如果牵引力过大,则粒子的探测能力变弱,容易陷入局部极值;如果牵引力过小,算法的收敛速度太慢,花费时间较长。自身因素参数 c_1 和社会因素参数 c_2 一般由经验值来定。在常规优化问题中学习因子常设为定值 2,也可以采用动态的非线性变化策略,但一般 c_1 取值应与 c_2 相同,且介于 0 和 4 之间。

(4)迭代终止判断条件。一般将迭代终止条件设为最大迭代次数或期望的目标精度,当然也须根据具体的优化问题来确定。如果是对解的精度有要求,则将代与代之间解的差值精度达到某个特定值设为终止条件,如:10^{-6};如果对时间有所要求,可以设置为最大迭代次数,这样无论求解情况如何,解的精度是否达到要求,只要迭代达到了设定的最大次数则停止寻优过程。

粒子群优化算法的参数对优化结果的影响是相辅相成、共同的。如果调节其中一个参数,则其他参数也应做相应的改变。因此,没有单独的某参数合适某个优化问题,只能说某组参数的搭配对特定问题的处理效果相对较好。而且很多参数的大与小是相对而言的,必须在了解所有参数意义的情况下,结合其他参数的选取来确定其合适的取值。

8.4.2.3　工艺参数优化求解的 PSO 算法实现

将电弧稳定性评估特征量、双丝埋弧焊工艺参数与电弧能量稳定性特征非线性映射模型以及粒子群优化算法相结合,提出一种基于粒子群的双丝埋弧焊工艺参数优化选择方法。具体实现思路为:以双丝埋弧焊 6 组主要工艺参数为优化变量,以第 4 章所建立的双丝埋弧焊工艺参数和电弧能量稳定性特征 BP 神经网络非线性映射模型为目标函数,以电弧电流信号 LMD 能谱熵值最小为优化目标,利用 Matlab 编写相应的程序来实现最优工艺参数的求解。程序流程如图 8-9 所示。

根据建立的双丝埋弧焊工艺参数优化模型,以双丝埋弧焊工艺参数和电弧能量特征 BP 神经网络非线性映射模型为目标函数,以前后丝电流信号 LMD 能谱熵特征最小为优化目标,来对双丝埋弧焊工艺参数进行优化。

粒子群优化算法中各参数设置如下:种群大小为 30,一个粒子的维数为 6,粒子各维的位置范围分别为优化模型所约束的边界条件所示范围,粒子各维的飞行速度范围按上节所描述的方式确定,设定最大迭代次数为 200。由于是单目标优化,每次优化过程只产生一个最优结果,即可得到一组最优工艺参数。为了使得优化参数搭配的分布范围尽量合理,进行了多次优化训练,从所有结果中选出 6 组能谱熵值最优的不同参数搭配,如表 8-7 所示。表 8-7 中各组参数的搭配均满足双丝埋弧焊常规工艺搭配规范。图 8-10 所示分别为第 1 组至第 6 组优化参数粒子群寻优过程的最优适应度收敛曲线图,从图 8-10 中可以看出,随着迭代过程的进行,最优适应度均能快速平稳地收敛到最小值附近。

```
                    ┌─────────────┐
                    │    开始     │
                    └─────────────┘
                           │
                           ▼
                ┌─────────────────────┐
                │    粒子群初始化      │
                └─────────────────────┘
                           │
                           ▼
         ┌─────────────────────────────────────┐
    ┌───▶│  用训练好的BP网络计算粒子的适应度    │
    │    └─────────────────────────────────────┘
    │                      │
    │                      ▼
    │          ┌─────────────────────────┐
    │          │   计算个体历史最优位置   │
    │          └─────────────────────────┘
    │                      │
    │                      ▼
    │          ┌─────────────────────────┐
    │          │   计算群体历史最优位置   │
    │          └─────────────────────────┘
    │                      │
    │                      ▼
    │          ┌─────────────────────────┐
    │          │      更新学习因子        │
    │          └─────────────────────────┘
    │                      │
    │                      ▼
    │          ┌─────────────────────────┐
    │          │   更新粒子的速度和位置   │
    │          └─────────────────────────┘
    │                      │
    │                      ▼
    │          ┌─────────────────────────┐     N
    └──────────◀│ 满足迭代终止条件? │──────
                └─────────────────────────┘
                           │ Y
                           ▼
                    ┌─────────────┐
                    │    结束     │
                    └─────────────┘
```

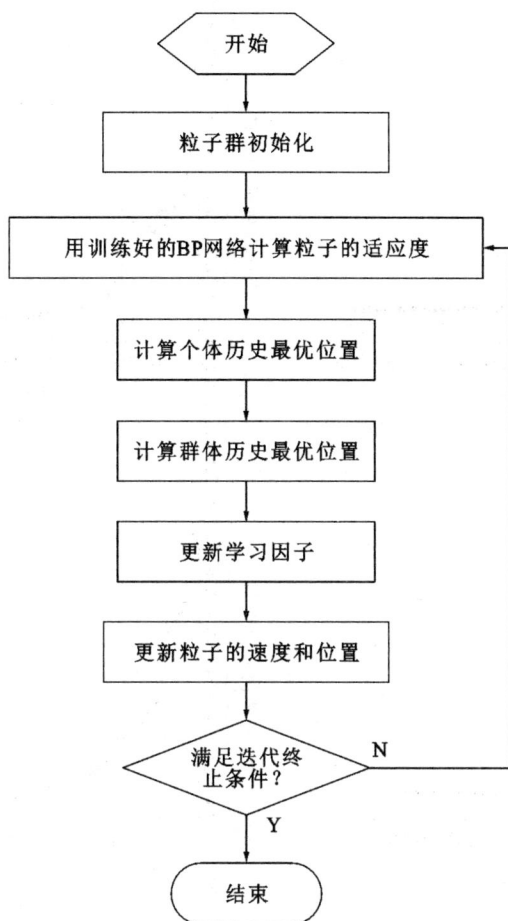

图 8-9 基于 PSO 的工艺参数优化流程

表 8-7 经 PSO 优化的工艺参数搭配

编号	I_1/A	U_1/V	I_2/A	U_2/V	l/mm	v/(cm·min^{-1})	LMD 能谱熵
1	733	36	562	42	22	107	0.9365
2	695	33	435	38	27	96	0.9586
3	724	34	460	39	16	102	0.9200
4	676	35	423	40	19	93	0.9566
5	552	30	409	36	30	85	0.9938
6	591	32	423	40	17	89	0.9367

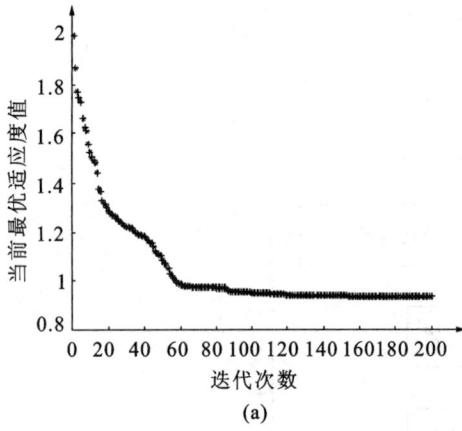

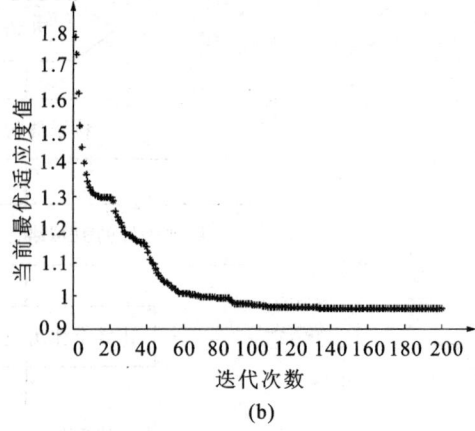

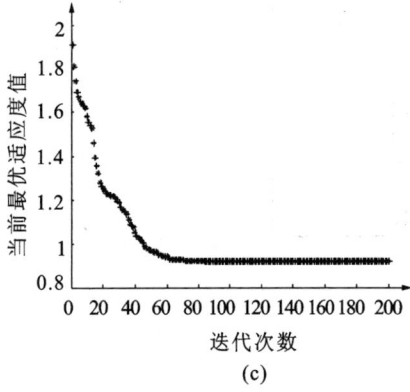

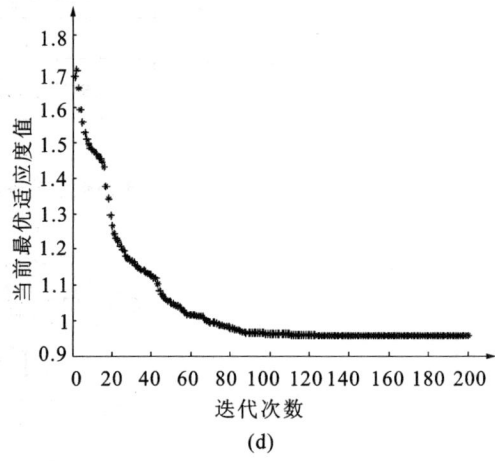

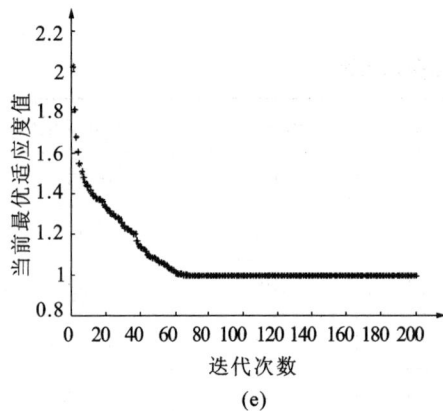

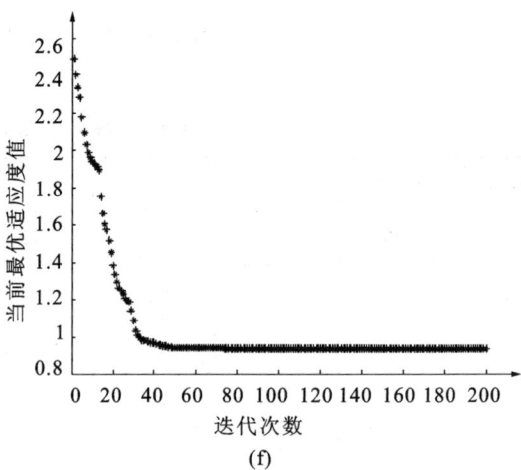

图 8-10　各组优化参数对应的最优适应度收敛曲线

(a)第 1 组优化参数收敛曲线;(b)第 2 组优化参数收敛曲线;(c)第 3 组优化参数收敛曲线;

(d)第 4 组优化参数收敛曲线;(e)第 5 组优化参数收敛曲线;(f)第 6 组优化参数收敛曲线

8.4.3　应用

对工艺参数的优化效果进行检验,分别利用常规工艺参数和优化工艺参数组织双丝埋弧焊工艺试验进行对比分析。焊接试验条件:MZ1250+MZE1000逆变式交直流埋弧焊电源组合,低碳钢板,板厚15mm,前后焊丝 ϕ4.8mm,焊丝牌号 H08A,焊剂 HJ431,采用堆焊方法。选定后丝方波交流的频率为 80Hz,占空比为 0.5,其他参数分别选取表 8-8 所示常规工艺参数和优化工艺参数进行对比试验。

表 8-8　对比试验工艺参数

参数类型	编号	I_1/A	U_1/V	I_2/A	U_2/V	l/mm	v/(cm·min^{-1})
常规工艺参数	1	700	32	600	42	30	70
	2	750	34	400	38	20	80
	3	650	30	450	34	20	90
优化工艺参数	1	695	33	435	38	27	96
	2	724	34	460	39	16	102
	3	733	36	562	42	22	107

对于每组常规工艺参数,在保持电流、电压、焊丝间距等参数不变的情况下,将焊接速度在原来的基础上各增加 20cm/min,分别提高到 90cm/min、110cm/min 以及 100cm/min 进行对比试验。采用常规工艺参数、仅提高焊接速度的常规工艺参数以及优化工艺参数进行的焊接试验所得到的焊缝成形外观及其焊缝界面形貌分别如图 8-11～图 8-13 所示。

通过对比图 8-11 和图 8-12 所示焊缝成形外观及截面形貌可以看出,常规工艺参数在焊接速度提高的情况下,由于参数搭配不合理,会导致焊缝出现不同程度的咬边和驼峰等缺陷,严重影响了焊缝成形质量。通过工艺参数优化方法对逆变式双丝埋弧焊工艺参数进行优化,采用优化所得工艺参数进行试焊,所得焊缝成形外观及截面形貌如图 8-13 所示,结合表 8-8 所示常规工艺参数和优化工艺参数的对比,结果表明在高速焊接条件下,经过优化的工艺参数对应的焊缝成形相对于常规工艺参数对应的焊缝成形更规则,没有出现如常规工艺参数试验中因焊接速度提高而导致的咬边和驼峰等缺陷,整条焊缝均匀饱满且表面更光滑。另外从焊缝截面形貌可以看出优化工艺参数对应的熔池形貌也更加规则。

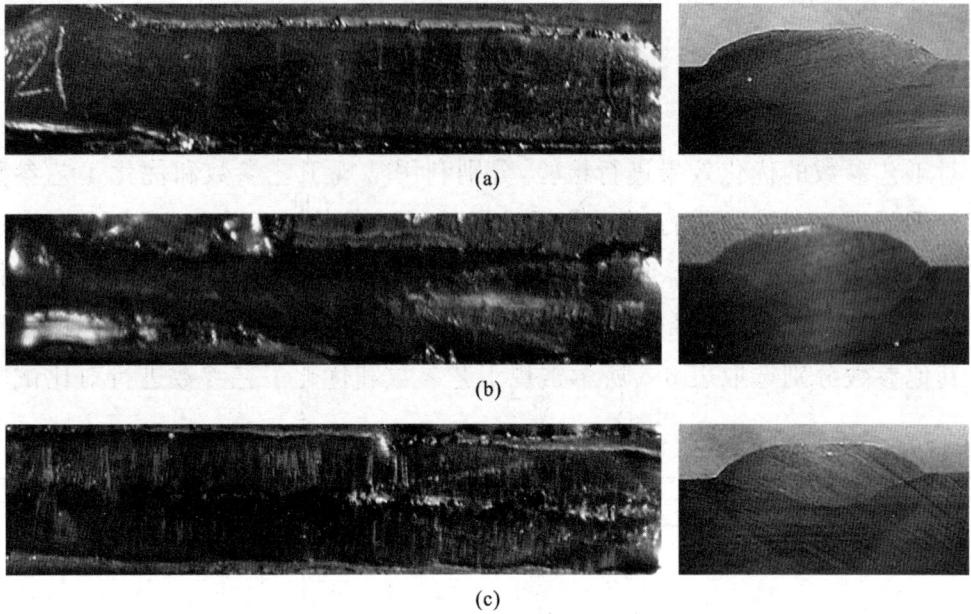

图 8-11　常规工艺参数对应的焊缝成形外观及截面形貌

(a) $I_1=700\mathrm{A},U_1=32\mathrm{V},I_2=600\mathrm{A},U_2=42\mathrm{V},l=30\mathrm{mm},v=70\mathrm{cm/min}$

(b) $I_1=750\mathrm{A},U_1=34\mathrm{V},I_2=400\mathrm{A},U_2=38\mathrm{V},l=20\mathrm{mm},v=80\mathrm{cm/min}$

(c) $I_1=650\mathrm{A},U_1=30\mathrm{V},I_2=450\mathrm{A},U_2=34\mathrm{V},l=20\mathrm{mm},v=90\mathrm{cm/min}$

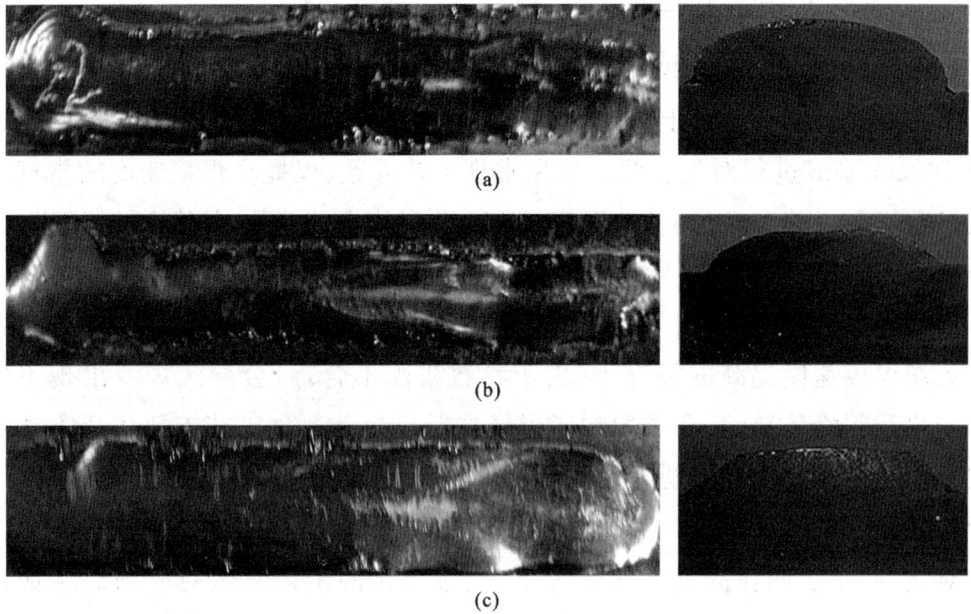

图 8-12　高速焊接下常规工艺参数对应的焊缝成形外观及截面形貌

(a) $I_1=700\mathrm{A},U_1=32\mathrm{V},I_2=600\mathrm{A},U_2=42\mathrm{V},l=30\mathrm{mm},v=90\mathrm{cm/min}$

(b) $I_1=750\mathrm{A},U_1=34\mathrm{V},I_2=400\mathrm{A},U_2=38\mathrm{V},l=20\mathrm{mm},v=100\mathrm{cm/min}$

(c) $I_1=650\mathrm{A},U_1=30\mathrm{V},I_2=450\mathrm{A},U_2=34\mathrm{V},l=20\mathrm{mm},v=110\mathrm{cm/min}$

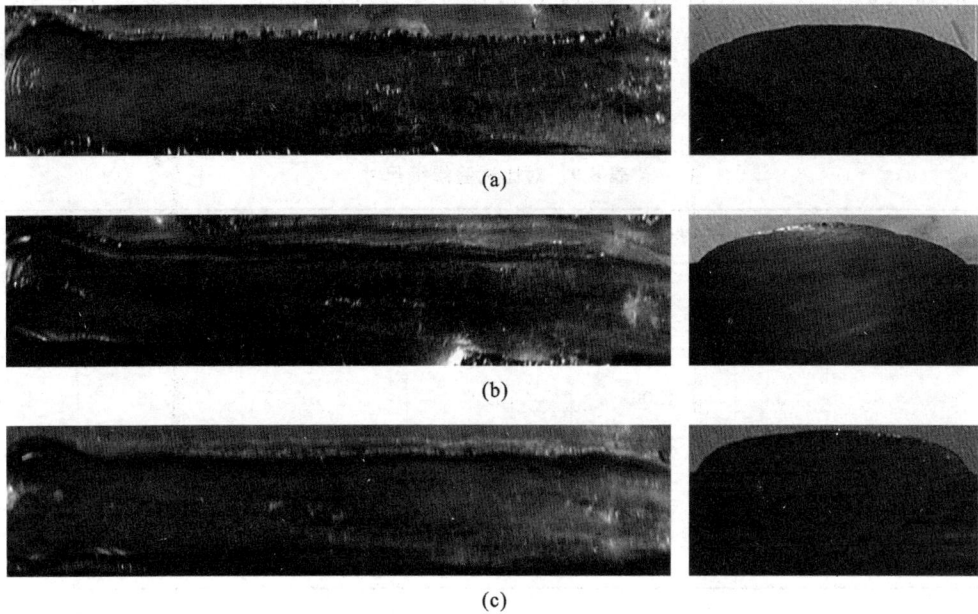

图 8-13 优化工艺参数对应的焊缝成形外观及截面形貌

(a)$I_1=695\mathrm{A}, U_1=33\mathrm{V}, I_2=435\mathrm{A}, U_2=38\mathrm{V}, l=27\mathrm{mm}, v=96\mathrm{cm/min}$

(b)$I_1=724\mathrm{A}, U_1=34\mathrm{V}, I_2=460\mathrm{A}, U_2=39\mathrm{V}, l=16\mathrm{mm}, v=102\mathrm{cm/min}$

(c)$I_1=733\mathrm{A}, U_1=36\mathrm{V}, I_2=562\mathrm{A}, U_2=42\mathrm{V}, l=22\mathrm{mm}, v=107\mathrm{cm/min}$

在焊接质量评估中,通常用焊缝的熔深 H、熔宽 B、余高 a 以及由它们之间的关系所定义的焊缝成形系数 $f(=B/H)$、余高系数 $\psi(=B/a)$ 来表征焊缝的成形特点,如图 8-14 所示。合理的焊缝截面形貌应保证 H、B、a 具有适当的比例。焊缝成形系数 f 主要影响焊缝的内部质量,f 选择不当可能会导致焊缝内部产生气孔、夹渣和裂纹等缺陷,在焊接生产中将其控制在 $1.3\sim2$ 之间较为适合,但由于堆焊焊缝有宽而浅的特点,因此堆焊成形系数 f 最大可达到 10 左右。焊缝余高如果过大可能会引起应力集中,在对接焊中一般要求焊缝余高 a 为 $0\sim3\mathrm{mm}$ 或者

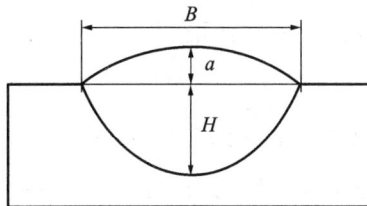

图 8-14 焊缝截面尺寸

保持余高系数 ψ 在 4～8 之间。通过对常规工艺参数和优化工艺参数下的焊缝尺寸进行对比研究,采用精度为 0.02 的游标卡尺测量得到各组参数对应的焊缝尺寸数据,如表 8-9 所示。

表 8-9　对比试验焊缝尺寸

参数类型	编号	H/mm	B/mm	a/mm	f	ψ
常规工艺参数	1	5.20	16.58	2.96	3.19	5.60
	2	4.92	15.06	2.82	3.06	5.34
	3	4.06	13.24	2.70	3.26	4.90
优化工艺参数	1	6.24	21.26	3.12	3.41	6.81
	2	5.68	19.96	2.98	3.51	6.69
	3	5.96	19.58	3.02	3.28	6.48

　　从常规工艺参数与优化工艺参数的搭配以及对应焊缝成形尺寸对比结果可以看出,在相近的线能量下,优化的工艺参数具有更快的焊接速度,并且其对应的焊缝相对于常规工艺参数下的焊缝具有更大的熔深,对应的焊缝成形系数和余高系数也比常规工艺参数大,说明经过优化的工艺参数有着更高的熔敷率,有利于焊接生产效率的提高。

<h1 align="center">参 考 文 献</h1>

[1] HE K F,LI X J. A quantitative estimation technique for welding quality using local mean decomposition and support vector machine[J]. Journal of intelligent manufacturing(SCI/EI 源刊),2014.

[2] HE K F,XIAO D M. A novel hybrid intelligent optimization model for twin wire tandem co-pool high-speed submerged arc welding of steel plate[J]. Journal of advanced mechanical design,systems,and manufacturing (SCI/EI 源刊),2015.

[3] HE K F,ZHANG Z J,TAN Z,et al. Thermodynamic characteristics analysis of aluminum welding process[J]. Materials research innovations (SCI/EI 源刊),2015.

[4] HE K F,LI Q,CHEN J. Regression analysis of the process parameters effect

on weld shape in twin-arc SAW[J]. Journal of convergence information technology（EI 源刊），2012.

[5] 朱大奇，史慧. 人工神经网络原理及应用[M]. 北京：科学出版社，2006，33-53.

[6] 范红军，姚海燕，杨秀芹，等. BP 神经网络在某测试系统故障诊断中的应用[J]. 计量与测试技术，2011，38（2）：37-39.

[7] 贾剑平，徐坤刚，李志刚. 改进型 BP 网络在优化焊接工艺参数中的应用[J]. 热加工工艺，2008，37（21）：98-100.

[8] 张旭明，吴毅雄，徐滨士，等. BP 神经网络及其在焊接中的应用[J]. 焊接，2003，2：43-45.

[9] 斐浩东，苏宏业，褚健. BP 算法的改进及其在焊接过程中的应用[J]. 浙江大学学报，2002，1：52-54.

[10] 倪楠. 基于神经网络的焊接机器人 CO_2 保护焊工艺参数优化[D]. 合肥工业大学，2005.

[11] 张学工. 关于统计学习理论与支持向量机[J]. 自动化学报，2000，26（1）：32-42.

[12] Vapnik V. 统计学习理论的本质[M]. 张学工，译. 北京：清华大学出版社，1999.

[13] 黄勇，郑春颖，宋忠虎. 多类支持向量机算法综述[J]. 计算技术与自动化，2005，24（4）：61-63.

[14] 易辉，宋晓峰，姜斌，等. 基于结点优化的决策导向无环图支持向量机及其在故障诊断中的应用[J]. 自动化学报，2010，36（3）：427-431.

[15] 陆波，尉询楷，毕笃彦. 支持向量机在分类中的应用[J]. 中国图像图形学报，2005，10（10）：1029-1034.

[16] 刘志刚，等. 支持向量机在多类分类问题中的推广[J]. 计算机工程与应用，2004，（7）：10-13.

[17] 夏建涛，何明一. 支持向量机与纠错编码相结合的多类分类算法[J]. 西北工业大学学报，2003，21（4）：443-448.

[18] KENNEDY J，EBERHART R C. Particle swarm optimization[C]：Proceedings of the IEEE International Conference on Neural Networks IV. Piscataway：IEEE，1995，1942-1948.

[19] 黄友悦. 智能优化算法及其应用[M]. 北京：国防工业出版社，2008：93-97.

[20] SHI Y, EBERHART R C. Fuzzy adaptive particle swarm optimization[C].
　　　 IEEE, Proc. Congress on Evolutionary Computation. Seoul, Korea, 2001:
　　　 1103-1108.
[21] 刘蓉. 自适应粒子群算法研究及其在多目标优化中应用[D]. 广州:华南理工
　　　 大学,2011.